Berghoff · Kleine Heimtiere und ihre Erkrankungen

W0390805

Tierärztliche Heimtierpraxis

Herausgegeben von Peter C. Berghoff

Band 1

Verlag Paul Parey · Berlin und Hamburg

Kleine Heimtiere und ihre Erkrankungen

Peter C. Berghoff

1989 · Mit 14 Abbildungen und
17 Zeichnungen

Verlag Paul Parey · Berlin und Hamburg

Tierärztliche Heimtierpraxis

Band 1 Kleine Heimtiere und ihre Erkrankungen

In Vorbereitung:

Band 2 Ziervögel und ihre Erkrankungen
Band 3 Reptilien, Amphibien und ihre Erkrankungen
Band 4 Erkrankungen der Aquariumsfische

Anschrift des Verfassers:
Peter C. Berghoff, Tierarzt,
Karschhauser Str. 23, Hochdahler Markt,
D-4006 Erkrath-Hochdahl

CIP-Titelaufnahme der Deutschen Bibliothek

Tierärztliche Heimtierpraxis / hrsg. von Peter C. Berghoff. – Berlin ; Hamburg : Parey.
NE: Berghoff, Peter C. [Hrsg.]

Bd. 1. Berghoff, Peter C.: Kleine Heimtiere und ihre Erkrankungen. – 1989

Berghoff, Peter C.:
Kleine Heimtiere und ihre Erkrankungen /
Peter C. Berghoff. –
Berlin ; Hamburg : Parey, 1989
(Tierärztliche Heimtierpraxis ; Bd. 1)
ISBN 3-489-50916-1

Umschlag: Jan Buchholz und Reni Hinsch, D-2000 Hamburg 73,
unter Verwendung eines Fotos von Dr. Wolfram Buff, D-7950 Biberach/Riß
Zeichnungen: Thomas Müller, D-1000 Berlin 30

© 1989 Verlag Paul Parey, Berlin und Hamburg. Anschriften:
Lindenstr. 44–47, D-1000 Berlin 61;
Spitalerstr. 12, D-2000 Hamburg 1

ISBN 3-489-50916-1 · Printed in Germany
Gesamtwerk: ISBN 3-489-52116-1

Das Werk ist urheberrechtlich geschützt. Die dadurch begründeten Rechte, insbesondere die der Übersetzung, des Nachdrucks, des Vortrages, der Entnahme von Abbildungen, der Funksendung, der Mikroverfilmung oder der Vervielfältigung auf anderen Wegen und der Speicherung in Datenverarbeitungsanlagen, bleiben, auch bei nur auszugsweiser Verwertung, vorbehalten. Eine Vervielfältigung dieses Werkes oder von Teilen dieses Werkes ist auch im Einzelfall nur in den Grenzen der gesetzlichen Bestimmungen des Urheberrechtsgesetzes der Bundesrepublik Deutschland vom 9. September 1965 in der Fassung vom 24. Juni 1985 zulässig. Sie ist grundsätzlich vergütungspflichtig. Zuwiderhandlungen unterliegen den Strafbestimmungen des Urheberrechtsgesetzes.

Die Wiedergabe von Gebrauchsnamen, Warenbezeichnungen usw. in diesem Buch berechtigt auch ohne besondere Kennzeichnung nicht zu der Annahme, daß solche Namen im Sinne der Warenzeichen- und Markenschutz-Gesetzgebung als frei zu betrachten wären und daher von jedermann benutzt werden dürfen.

Satz und Druck: Saladruck Steinkopf & Sohn, D-1000 Berlin 36
Schrift: Borgis Helvetica (Satzsystem Linotron 202)
Lithographie: Carl Schütte & C. Behling, D-1000 Berlin 42
Bindung: Bruno Helm, D-1000 Berlin 30

Zum Geleit

Das vorliegende Buch ist der erste Band einer Monographienreihe, die sich mit der tierärztlichen Heimtierpraxis befaßt.

Er behandelt die als Heimtiere gehaltenen Meerschweinchen, Kaninchen, Hamster, Hörnchen, Mäuse und Ratten sowie Chinchilla und deren Erkrankungen. Weitere Bände über Erkrankungen und Behandlung von Ziervögeln, Reptilien und Amphibien sowie Süß- und Meerwasseraquarienfischen werden folgen.

Der praktizierende Tierarzt Peter C. Berghoff, Erkrath, Herausgeber der Monographienreihe und Verfasser des ersten Bandes, verfügt über Kenntnisse und langjährige Erfahrungen in der Behandlung von Heimtieren. Seine Ausführungen sind wissenschaftlich fundiert, dabei jedoch praxisorientiert und eingängig geschrieben.

Neben der Beschreibung der Erkrankungen der Heimtiere nach den Organsystemen und ihrer Therapie gibt der Autor interessante Hinweise auf die Historie sowie die biologische Entwicklung der Tiere und Anregungen für deren artgerechte Haltung und Fütterung. Die Darstellung der speziellen Untersuchungsgänge für jede Tierart wird ergänzt durch eine Checkliste für einen allgemeinen Untersuchungsgang sowie Empfehlungen für Arzneimittel und ihre Dosierung.

Mit der Herausgabe dieser Monographienreihe wird der in der Veterinärmedizin renommierte Verlag Paul Parey der zunehmenden Bedeutung dieses speziellen Aufgabengebietes der tierärztlichen Praxis gerecht. Dies ist verdienstvoll und schließt eine bestehende Lücke, zumal er damit zugleich dem dringenden Anliegen des tierärztlichen Berufsstandes entgegenkommt, sich auch auf Randgebieten der tierärztlichen Praxis, die im derzeitigen Ausbildungsfeld einen geringeren Stellenwert einnehmen, fortbilden bzw. weiter spezialisieren zu können.

Ich beglückwünsche, nicht zuletzt auch als ehemaliger Kleintierpraktiker den Herausgeber, die Autoren und den Verlag zu der Idee, diese Monographienreihe zu begründen und hoffe mit ihnen auf eine weite Verbreitung in der tierärztlichen Praxis.

Berlin, im Februar 1989

Prof. Dr. med. vet. Helmut Scheunemann
Präs. der Deutschen Tierärzteschaft e. V.

Vorwort

Erst seit wenigen Jahren werden den praktizierenden Tierärzten in ihren Kleintierpraxen neben Hunden und Katzen in zunehmendem Umfang auch die sogenannten „kleinen Heimtiere“, Nager, Ziervögel, Zier- und Aquariumsfische sowie Reptilien und Amphibien vorgestellt.

Die Kenntnisse über diese Tiergattungen sowie die Erfahrungswerte hinsichtlich ihrer Erkrankungen und der angezeigten Therapie sind jedoch bei vielen Tierärzten noch immer gering, zumal dieser Bereich bei Aus- und Fortbildung in der Vergangenheit einen nur geringen Stellenwert einnahm.

So ist es verständlich, daß viele praktizierende Tierärzte den Wunsch haben, im Interesse dieses Patientenkreises über die kleinen Heimtiere und ihre Krankheiten mehr zu erfahren. Diesem Bedürfnis will der hier vorliegende Band der Monographienreihe entsprechen. Das Buch ist speziell für die tierärztliche Praxis konzipiert und soll dort seinen Platz zum schnellen Zugriff in der Sprechstunde – “it should be, where the action is”, wie im amerikanischen Sprachgebrauch treffend formuliert wird – haben.

Andererseits ist das Buch so verfaßt, daß es nicht nur medizinisch gebildeten Laien verständlich ist. So soll und kann es auch Züchtern und Zoofachhändlern, die sich beruflich mit kleinen Heimtieren befassen, und interessierten Haltern derartiger Tiere eine Hilfe sein, die sie in die Lage versetzt, bereits bei den ersten Anzeichen von Erkrankungen ihres Heimtieres zu erkennen, ob es angezeigt ist, den Tierarzt aufzusuchen. So trägt denn auch der Stil, in dem das Buch geschrieben ist, diesem Anliegen Rechnung. Auf streng wissenschaftlicher Grundlage beruhend, soll dem Leser die Lektüre durch eingängige Formulierungen leichtgemacht werden.

Die angesprochenen Tierarten sind in der Reihenfolge ihrer Häufigkeit in der tierärztlichen Praxis aufgeführt. Die einzelnen Unterkapitel kehren bei jeder Tierart wieder. Es werden zunächst jeweils Hinweise zur Biologie, Haltung und Fütterung gegeben. Im Unterkapitel „Physiologische Daten“ sind jeweils alle notwendigen Angaben in einem Überblick zur Kurzinformation zusammengefaßt. Auf die Kapitel „Allgemeine und spezielle Untersuchungen“ und „Narkose“ folgen jeweils die „Organerkrankungen“. Hier werden die jeweils wichtigsten Krankheitsbilder, aufgeteilt nach Organsystemen, und ihre Behandlung dargestellt.

Im Anschluß an jedes Heimtier-Kapitel finden sich Literaturangaben zur Vertiefung des behandelten Themenkreises. Die beiden ersten Kapitel, „Meerschweinchen“ und „Kaninchen“, am Anfang des Buches, wurden etwas ausführlicher dargestellt; sie können teilweise, z. B. bei den Untersuchungsmethoden, auch für die anderen Tierarten als exemplarisch angesehen werden. Im Anhang finden sich eine Checkliste für die Untersuchung des Einzeltieres sowie eine Medikamentenliste mit Dosierungsvorschlägen.

Ich danke dem Team des Verlages Paul Parey, ganz besonders Herrn Dr. Horst Christian Etmer, für die große Hilfe und für den erforderlichen Antrieb bei der Entstehung dieses Buches. Ganz besonders möchte ich meiner Frau danken, ohne deren Hilfe das Buch heute noch nicht fertig wäre.

Ich danke Herrn Dr. Reinhold Gandras, Krefeld, für alles, was ich bei ihm lernen durfte.

Erkrath, im Februar 1989

Peter C. Berghoff

Inhalt

1 Meerschweinchen

1.1 Allgemeines und Biologie

Das Meerschweinchen *(Cavia aperea porcellus)* gehört zu den Nagetieren, zur Familie Caviidae. Zu dieser Familie gehören außer den Meerschweinchen *(Caviinae)* auch die Maras *(Dolichotinae)*.

Die Wildmeerschweinchen stammen aus Südamerika, wo *Cavia aperea* am häufigsten anzutreffen ist. Unser Hausmeerschweinchen *(Cavia aperea porcellus)* stammt vom Tschudimeerschweinchen *(Cavia aperea tschudii)* ab, welches in den grasbewachsenen Höhenlagen der Anden zwischen 1600 m/MSL und 4200 m/MSL anzutreffen ist. Meerschweinchen leben in Gruppen von 5–15 Tieren in Höhlen und ernähren sich von Gräsern und Kräutern, die sie vornehmlich in den Morgen- und Abendstunden zu sich nehmen. Sie grasen in Rudeln und verständigen sich untereinander durch Pfeiflaute. Bei Gefahr flüchten sie in ihre Erdbauten.

Die Wildmeerschweinchen paaren sich zu jeder Jahreszeit, und nach einer Tragezeit von durchschnittlich 65 Tagen werfen sie 1–4 Junge, die bereits voll entwickelt sind. Die Jungtiere ernähren sich bereits während der dreiwöchigen Stillzeit selbst und sind mit 2 Monaten geschlechtsreif.

Das Hausmeerschweinchen wurde bereits 1000 v. Chr. von den Inkas domestiziert. Es wurde in kleineren Rudeln gehalten und diente vornehmlich als Nahrungsmittel, wurde jedoch auch den Göttern als Opfertier geweiht. Dies geht aus Vasenabbildungen und Funden von Meerschweinchenmumien hervor. Mit der Entdeckung Südamerikas durch die Spanier gelangte das Meerschweinchen im 16. Jh. nach Europa. 1554 wird das »indische Schweinchen« in der Literatur erwähnt. Die vermeintliche indische Herkunft findet sich heute noch in der französischen Bezeichnung »Cochon d'Inde«. Auch in Europa dürfte das Meerschweinchen ursprünglich als Nahrungsmittel gedient haben, wie der angelsächsische Name »Guinea pig«, das Guineenschwein, belegt. Die Guinee war eine Geldmünze. Als Nahrungsmittel für Notzeiten wurde das Meerschweinchen noch in den zwanziger Jahren unseres Jahrhunderts empfohlen.

Im vorigen Jahrhundert wurde das Meerschweinchen als Laboratoriumstier ent-

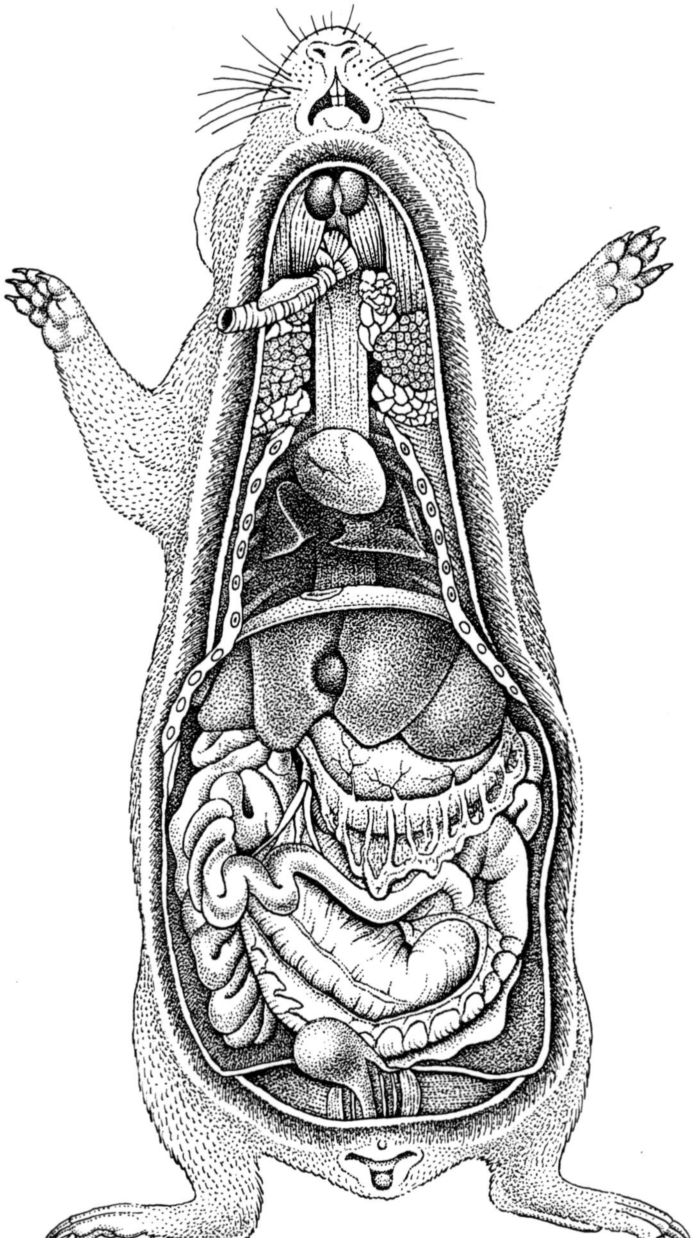

Abb. 1: Situs Meerschweinchen

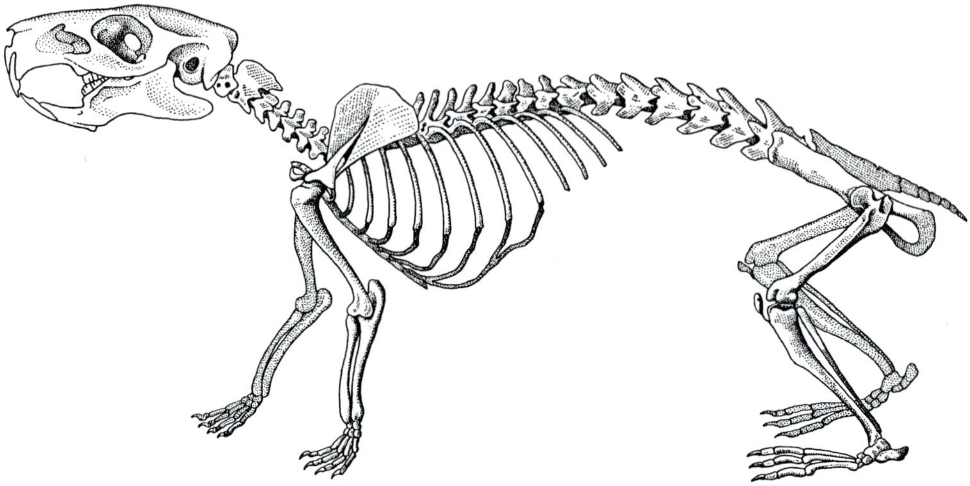

Abb. 2: Skelett Meerschweinchen

deckt, als das es auch heute noch häufig Verwendung findet. ROBERT KOCH und EMIL V. BEHRING setzten ebenso wie PASTEUR für ihre Forschungen Meerschweinchen ein.

Wir unterscheiden 3 verschiedene Meerschweinchenarten, die als Heimtiere gehalten werden:

1. das Angorameerschweinchen mit langem seidigen Fell;
2. das Rosettenmeerschweinchen mit auffälligen Haarwirbeln;
3. das kurzhaarige englische Meerschweinchen.

Diese drei Arten zeigen viele verschiedene Varianten.

Das Meerschweinchen erreicht ein durchschnittliches Alter von 6–8 Jahren, vereinzelt sind Meerschweinchen jedoch auch schon bis zu 15 Jahre alt geworden. Die Geschlechtsreife der Tiere ist etwa mit 50 Tagen erreicht, bei den weiblichen Tieren kann dies auch schon nach gut 30 Tagen der Fall sein. Das Gewicht des ausgewachsenen Meerschweinchens beträgt 700 bis 1800 g, Weibchen sind etwas leichter als Männchen. Im Durchschnitt liegt das Gewicht der männlichen Tiere bei ungefähr 1000 g, das der weiblichen Tiere bei 850 g. Die 1800 g schweren Tiere entstammen besonderen amerikanischen Züchtungen.

Das Meerschweinchen hat einen sehr gut entwickelten Geruchssinn. So kann es z. B. Nitrobenzol noch in einer 1000fach stärkeren Verdünnung wahrnehmen als der Mensch. Der Geruchssinn hilft den Tieren auch beim Wiedererkennen der Mitglieder des eigenen Rudels.

Meerschweinchen können rot, gelb und blau sowie grün, violett und orange unterscheiden.

Die Tiere können sehr hohe Frequenzen hören. Die obere Hörschwelle beträgt 33 000 Hertz.

1.2 Haltung und Fütterung

■ Haltung

Die einfache Haltung ist *ein* Grund für die große Beliebtheit des Meerschweinchens als Heimtier. Meerschweinchen lassen sich in einem Einzimmer-Appartement ebenso problemlos halten wie in einem großen

Haus. Da Meerschweinchen in der Natur in Rudeln zusammenleben, ist es ratsam, mehrere Meerschweinchen zusammen zu halten, jedoch ist auch Einzeltierhaltung möglich, wenn dem Tier ein ausreichender »Familienanschluß« geboten wird. Da Meerschweinchen sehr aktive Tiere sind und gerne herumlaufen, muß man ihnen reichlich Gelegenheit zum Auslaufen geben. Bei der Haltung mehrerer Tiere benötigt jedes Tier eine Grundfläche von 40 × 40 cm Bodenfläche. Ungeachtet dieser Grundbedingungen soll das Meerschweinchen täglich einige Zeit frei in der Wohnung herumlaufen können, um seinem Bewegungsdrang Genüge zu tun. Da die Tiere Fluchttiere und Höhlenbewohner sind, benötigen sie einen Unterschlupf, in dem sie sich verstecken können. Das Meerschweinchen liebt gleichbleibende Temperaturen bis zu 20 °C. Gegen Hitze sind die Tiere wesentlich empfindlicher als gegen Kälte, was durch ihre Herkunft leicht zu erklären ist, jedoch sollten die Raumtemperaturen auch im Winter 10 °C niemals für längere Zeit unterschreiten. 16–18 °C ist die Idealtemperatur. Auch die gleichmäßige Beibehaltung einer relativen Luftfeuchtigkeit von etwa 50 % ist für das Wohlbefinden des Meerschweinchens ebenso von Bedeutung wie für uns Menschen. In geheizten Räumen ist im Winter die Luft häufig zu trocken. Verdunster an den Heizungen oder eine gute Bepflanzung des Raumes sorgen für ausreichende Luftfeuchtigkeit.

Im Sommer können Meerschweinchen ohne Bedenken im Garten gehalten werden. Hierbei benötigen die Tiere einen schattigen und regensicheren Unterschlupf. Das Gehege muß häufig auf der Rasenfläche verstellt werden, um den Tieren ausreichend Abweidemöglichkeiten zu geben. Der Zaun um die Meerschweinchen ist mit einem Drahtgeflecht von oben abzudecken, um die Tiere vor Hunden und Greifvögeln zu schützen.

Als Einstreu bei Käfighaltung empfiehlt sich Heu, Sägemehl oder Katzenstreu. Meerschweinchen setzen sehr viel Urin ab, was eine häufige Erneuerung des Streuguts erforderlich macht. Torfmull verunreinigt sehr schnell und klebt dann leicht an den Tieren. Er ist daher zur Einstreu ungeeignet. Wegen der großen Urinmenge sind Käfige aus Holz nicht empfehlenswert.

Für die professionelle Meerschweinchenzucht eignen sich Zuchtgruppen von 1 : 5 bis 1 : 25 Tieren. Hierbei haben sich Laufkäfige besonders bewährt (Bezugsnachweis beim Zoofachhandel).

Meerschweinchen lassen sich sehr gut zusammen mit Kaninchen halten, jedoch sollten hierbei nicht mehr als 1 oder 2 Kaninchen mit einer Meerschweinchengruppe zusammen sein.

Meerschweinchen sind während der Eingewöhnungszeit sehr scheu und schreckhaft. Wenn man jedoch abrupte Bewegungen vermeidet und behutsam mit ihnen umgeht, lernen sie ihren Pfleger bald kennen und zeigen, daß sie ihn wiedererkennen. Sie werden dann sehr schnell anhänglich und begrüßen ihre Bezugsperson durch freudige Pfeiflaute.

■ Fütterung

Da Meerschweinchen Zellulose aufspalten, haben sie einen sehr langen Darm. Die Mittelgröße für das Duodenum beträgt 12 cm, für Jejunum und Ileum 120 cm, für das Caecum 15 cm und das Colon 80 cm. Hieraus ergibt sich eine Gesamtdarmlänge von mehr als 2 m. Daher nimmt die Verdauung eine sehr lange Zeitspanne in Anspruch. Der Austritt der Nahrung aus dem Magen, in dem sich die aufgenommenen Futtermittel übereinanderschichten, beginnt etwa eine Stunde nach der Aufnahme und dauert bis zu 7 Stunden. Die Gesamtdarmpassage eines Nahrungsmittels kann bis zu einer Woche dauern. Dies erklärt, daß durch Änderung der Futterzusammenstellung sehr leicht Verdauungsstörungen eintreten können. Es empfiehlt sich daher, das Futter möglichst gleichmäßig zusammenzustellen und häufige Abwechslungen zu vermeiden. Auf eine ausgewogene Ernährung ist großer Wert zu legen, da die meisten Erkrankungen, mit denen Meerschweinchen in der Praxis vorgestellt werden, auf falscher Ernährung beruhen. Eine Störung der für die Aufspaltung der Zellulose erforderlichen Darmflora kann tödliche Folgen haben. Futter von nicht einwandfreier Beschaffenheit führt aus den beschriebenen Gründen ebenfalls sehr leicht zu schwerwiegenden Erkrankungen.

Will man nicht das industriell vorgefertigte Fertigfutter verwenden, so hat das Meerschweinchen einen recht aufwendigen Speisezettel. Die Nahrung sollte mindestens 15 % Rohfaser und 20 % Rohprotein enthalten. Durch die kontinuierliche Ernährung mit frischem Gras und Kräutern in freier Wildbahn hat das Meerschweinchen im Laufe seiner Entwicklungsgeschichte die Fähigkeit der Synthese von Vitamin C verloren. Wie auch alle Primaten bedarf daher das Meerschweinchen einer Vitamin C-Zufuhr mit der Nahrung, die nicht immer gewährleistet ist. Die Nahrung soll aus Sonnenblumenkernen, Getreide, Kartoffeln, Gemüse, Gras, Löwenzahn, Salat, Rüben, Kohl, Tomaten, Äpfeln und Heu bestehen. Zusätzlich können dem Meerschweinchen täglich mindestens 5 mg Vitamin C über das Trinkwasser zugeführt werden. Hierbei ist ein Richtwert von 1 mg Ascorbinsäure pro ml Wasser täglich zu veranschlagen. Da die Ascorbinsäure sehr leicht chemisch reagiert, ist die Mischung täglich zu erneuern. Essigsäure, Propionsäure und Buttersäure, die für den Energiestoffwechsel von wesentlicher Bedeutung sind, werden beim Meerschweinchen im Caecum und Colon durch die Darmflora produziert.

Bei der Verfütterung von Kraftfutter benötigt das Meerschweinchen pro Tag durchschnittlich 20 mg Vitamin C. Bei Nahrungsspezialisten wie dem Meerschweinchen empfiehlt sich die Gabe von Fertigfutter. Füttert man ein selbstzusammengestelltes Futter, so kann sich die zu bietende Futtermenge je nach Art des angebotenen Futtermittels unterscheiden. Wichtig ist jedoch der Prozentsatz von 15 % Rohfaser, 20 % Rohprotein und 4 % tierischem Eiweiß. Heu muß dem Meerschweinchen stets in beliebiger Menge zur Verfügung stehen.

Trächtige Meerschweinchen haben einen sehr hohen Glukosebedarf. Sie neigen daher zu Ketose. In diesen Zeiten ist daher besonders auf eine ausgewogene Ernährung zu achten. Meerschweinchen müssen, um gesund zu bleiben, ihren eigenen Kot fressen. Die Menge des aufgenommenen Kots ist sehr unterschiedlich. Sehr junge Meerschweinchen essen den Kot des Muttertieres, um so ihre Darmflora auszubilden.

1.2.1 Besondere Hinweise

■ Künstliche Ernährung

Verweigert ein Meerschweinchen längere Zeit die Aufnahme fester Nahrung, so kann es erforderlich werden, das Tier mit Hilfe einer Sonde künstlich zu ernähren. Hierzu läßt sich mit Hilfe eines Mixers ein Mus herstellen, mit dem das Meerschweinchen über einen langen Zeitraum ausschließlich ernährt werden kann. Hierzu werden vermischt: kleingeschnittene Apfelstücke oder Möhren, die gleiche Volumenmenge Salat mit der halben Menge Meerschweinchenfutter und einem Löffel Honig. Im Mixer wird Wasser zugefügt, bis die gewünschte Konsistenz erreicht ist. Auch Babynahrung in Gläsern, wie Spinat und Pfirsiche, können dem Nahrungsbrei zugefügt werden. Es ist wichtig, daß 500 ml Futtermus 200 mg Ascorbinsäure enthalten.

Bei der Einführung der Sonde in den Magen wird man am Ösophagus Widerstand spüren. Vorsichtiges Drehen der Sonde ohne starken Druck überwindet den Widerstand. Es empfiehlt sich, den Gummischlauch zwischen den Schneidezähnen und den Molaren aus der Mundöffnung herauszuführen, da sonst die scharfen Schneidezähne die Sonde durchbeißen können.

Bei der Einführung der Nahrung rechnet man mit einem Volumen von 2–3 ml pro 100 g Körpergewicht. Die erforderliche Kalorienmenge pro Tag liegt bei ungefähr 20 kcal (83,7 KJ) pro 100 g Körpergewicht.

■ Eingabe von Medikamenten

Oft ist es schwierig, dem Meerschweinchen Medikamente oral zu verabreichen. In diesen Fällen kann man sich mit einem Mundspatel behelfen. Der Mundspatel wird hinter den Schneidezähnen horizontal in die Mundhöhle eingeführt und auf der anderen Seite wieder heraus, dann stellt man den Mundspatel auf, das Meerschweinchen klemmt ihn durch Zubeißen fest. Durch eine vorher angelegte Öffnung in der Mitte des Mundhölzchens können Medikamente nun mit Hilfe einer Sonde eingegeben werden. Die Eingabe der Medikamente muß vorsichtig und langsam erfolgen, damit sich die Tiere nicht verschlucken.

1.3 Physiologische Daten

Geburtsgewicht	50–110 g
Körpergewicht erwachsen	700–1000 (–1800) g
Geschlechtsreife weibl.	30 Tage
Geschlechtsreife männl.	60 Tage
Zyklusdauer	16 Tage
Tragzeit	(60) – 65 (– 70) Tage
Wurfgröße	1–5
Zuchtreife	3 Monate
Absetzalter	14–21 Tage oder 160 g
Körperlänge	24–30 cm
Lebenserwartung	4–8 Jahre
Körperinnentemperatur	ca. 37–39 °C
Atmung	100–150/min
Puls	300/min
Blutwerte	
Blutvolumen	5–7 ml/100 g Körpergew.
Erythrozyten	4,5–7 × 10^6/mm^3
Haemoglobin	11–15 g/100 ml
Haematokrit	40–50 %
Leukozyten	5–12 × 10^3/mm^3
Differentialblutbild	
Lymphozyten	45–80 %
Monozyten	8–12 %
Neutrophile	20–40, 35 %
Eosinophile	1–5 %
Basophile	1–2 %
Bilirubin	0,24–0,30 mg/dl
Glucose	50–120 mg/100 ml

1.4 Allgemeine und spezielle Untersuchung

Eine Empfehlung für den allgemeinen Untersuchungsgang finden Sie im Anhang (Kap. 7.1).

■ Geschlechtsdifferenzierung

Beim erwachsenen männlichen Meerschweinchen lassen sich die Hoden gut palpieren und der Penis läßt sich vorlagern. Bei neugeborenen Meerschweinchen kann man das Geschlecht am sichersten unterscheiden, indem man die Größe des Abstandes zwischen Anus und Geschlechtsöffnung betrachtet. Beim männlichen Tier ist der Abstand zwischen Anal- und Genitalregion größer als beim weiblichen Tier.

■ Zwangsmaßnahmen

Meerschweinchen sind ausgesprochen

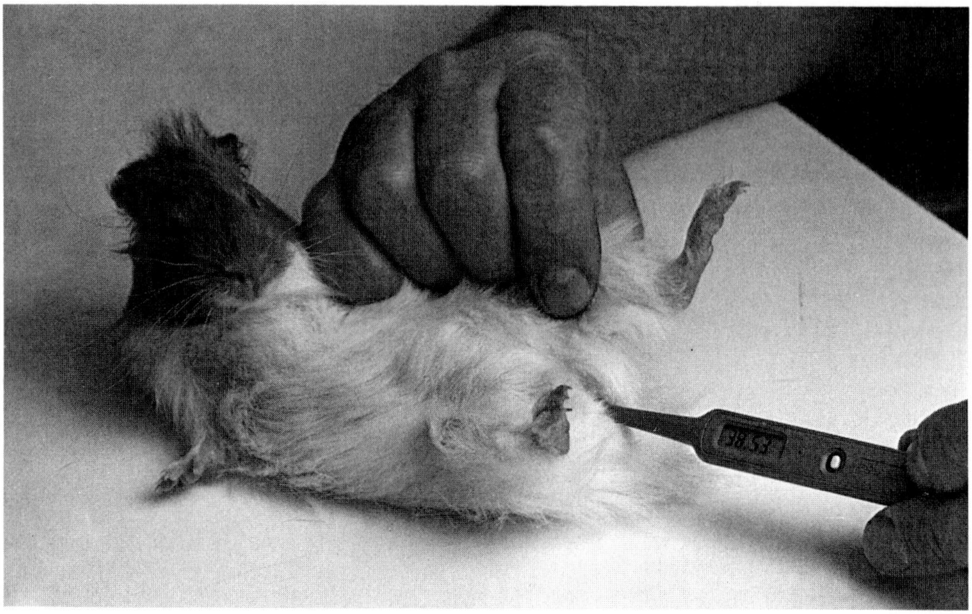

Abb. 3: Messen der Körperinnentemperatur beim Meerschweinchen

friedliche Tiere, bei denen Zwangsmaßnahmen nicht angewendet werden müssen. Da Meerschweinchen Fluchttiere sind, ist es jedoch ratsam, sie während der Behandlung festzuhalten, damit sie nicht in Panik vom Tisch springen. In Ausnahmefällen genügt es, wenn man das Fell hinter dem Kopf festhält und das Meerschweinchen auf diese Weise in seiner Bewegungsfreiheit einschränkt.

■ Blutentnahme

Beim Meerschweinchen läßt sich mit einigem Geschick Blut aus der *Vena cephalica* entnehmen. Hierzu wird der Blutfluß mit einem Gummiband oberhalb des Ellbogens gestaut und das Bein nach vorne gestreckt. Durch Scheren der Haare kann man die *Vena cephalica* wenn nötig sichtbar machen. Nach Desinfektion mit einem Alkoholtupfer läßt sich eine Nadel Nr. 16 vorsichtig einführen. Das Blut wird direkt vom Konus der Kanüle abgenommen. Wird nur ein Tropfen für einen Ausstrich benötigt, so kann nach Punktion der Vene der Blutstropfen auch direkt von der Haut abgenommen werden.

Eine weitere Möglichkeit der Blutentnahme ist die Punktion des *Plexus venosus orbitalis*. Hierzu wird nach einer Anästhesie des Auges mit einigen Tropfen Ophtocain® mit dem Zeigefinger der Bulbus nach außen gedreht. Nun läßt sich ein Mikro-Hämatokritröhrchen an der Seite des *Cantus medialis* vorsichtig unter den Bulbus zum *Plexus Venosus* orbitalis führen. Wenn das Mikro-Hämatokritröhrchen den retroorbitalen Plexus erreicht, reißen die Gefäße sehr leicht ein und füllen das Kapillarröhrchen mit Blut. Nach Beendigung der Blutentnahme genügt ein leichter Druck auf das geschlossene Augenlid für ca. 1–2 Minuten, um die Blutung wieder zum Stillstand zu bringen.

Diese Art der Blutentnahme erfordert Geschick und Übung sowie Sedierung des Patienten!

■ Urinuntersuchung

Die Blase des Meerschweinchens kann vorsichtig ausgedrückt werden. Meerschweinchen setzen aber auch Urin ab, wenn man die Tiere auf eine Unterlage setzt, auf die eine faltige Plastiktüte gelegt wurde. Meistens findet man innerhalb einer Stunde genügend Urin für eine Untersuchung. Von der Katheterisierung der männlichen Tiere wird abgeraten, da die Uretra beim Meerschweinchenbock sehr leicht verletzt werden kann. Der Meerschweinchenurin ist alkalisch und enthält Calciumcarbonatkristalle und Tripelphosphatkristalle. Ein Sediment läßt sich durch Zentrifugieren in einer Mikrohämatokritzentrifuge gewinnen.

■ Kotuntersuchung

Endoparasiten spielen beim Meerschweinchen im Haushalt nur eine untergeordnete Rolle. Für die Feststellung von Nematoden verwendet man eine Anreicherungsflüssigkeit aus gesättigter Kochsalzlösung (spez. Gew. 1,2). In einem 100 ml Becherglas werden 2 g Kot und etwas gesättigte Kochsalzlösung gut vermischt. Danach wird mit der Kochsalzlösung aufgefüllt und kräftig gerührt, so daß die Kotpartikel gleichmäßig in der Kochsalzlösung verteilt sind. Nach 5 min legt man auf die Flüssigkeit vorsichtig ein Deckglas. Die in der Kochsalzlösung nach oben treibenden Wurmeier bleiben an dem Deckglas hängen. Nach ungefähr 1 Stunde kann das Deckglas vorsichtig mit der Pinzette von der Flüssigkeit abgehoben werden. Unter dem Mikroskop sind die Eier nun bei 10- bis 40facher Vergrößerung gut sichtbar.

Bei der parasitologischen Untersuchung mittels des Sedimentationsverfahrens werden ca. 5 g Kot in einem 100 ml Becherglas mit Leitungswasser gut vermischt, bis sich eine homogene Suspension bildet. Die Suspension wird durch ein Sieb filtriert. Dem Filtrat gibt man wenige Tropfen Spülmittel zu, läßt es 1 Stunde stehen und gießt danach die überstehende Flüssigkeit ab und füllt erneut mit Wasser und Spülmittel auf. Nach einer weiteren Stunde wird erneut abgegossen und der Bodensatz dann mit einem Glasstab gut vermischt. Einige Tropfen des Bodensatzes werden auf einen Objektträger gebracht und mit einem Tropfen 1%iger Methylenblaulösung vermischt. Das Präparat wird ohne Deckglas unter dem Mikroskop bei 10facher Vergrößerung untersucht. Die Methylenblaulösung färbt die Schmutz- und Pflanzenpartikel blauschwarz, während die Eier sich gelb-braun darstellen.

Eine bakteriologische Kotuntersuchung läßt sich unter Praxisverhältnissen mit dem Entero-Tube® der Fa. La Roche durchführen.

Eine eingehende Kotuntersuchung ist vor allem erforderlich, wenn das Meerschweinchen neu in einen Haushalt kommt, oder bei großen Zuchtgruppen mit häufiger Fluktuation. Bei Einzeltierhaltung sind die vorstehenden Untersuchungen nur selten angezeigt.

■ Hautuntersuchung

Meerschweinchen leiden sehr häufig unter Milbenbefall, der anhand eines Hautgeschabsels diagnostiziert werden kann. Hierbei wird mit einer Skalpellklinge eine kleine Hautstelle so lange geschabt, bis Blut austritt. Die abgeschabten Hautpartikel werden auf einen Objektträger mit 10%iger Kalilauge verrührt und nach zwei Stunden unter dem Mikroskop bei 10facher Vergrößerung betrachtet. Eine andere Diagnosemöglichkeit für Milben ist ein Test mit schwarzem Papier, der allerdings nur bei starkem Milbenbefall erfolgreich ist. Der Patient wird narkotisiert und auf schwarzes Papier gelegt. Nach einer Weile wandern die Milben von der Haut zu den Haarschäften, wo man sie mit einer starken Lupe oder dem Mikroskop sichtbar machen kann. Unter Umständen können sie sogar auf dem schwarzen Papier gefunden werden. Läusenissen und Haarlinge lassen sich mit bloßem Auge erkennen. Für die Praxis wird dieses Verfahren allerdings nicht empfohlen!

Ein guter Überblick über die verschiedenen diagnostischen Verfahren bei Parasitenbefall findet sich in: JOSEF BOCH / RUDOLF SUPPERER, Veterinärmedizinische Parasitologie (s. Literaturverzeichnis am Ende des Kapitels).

Ein weiteres häufiges Hautproblem sind Pilzerkrankungen. Zum Zweck einer genauen Diagnose sollten Haut- und Haarproben in ein mykologisches Labor geschickt werden. Der im Handel erhältliche Test, der in der Praxis gern verwendet wird, hat keine große Aussagefähigkeit.

■ Röntgenuntersuchung
Belichtungsdauer und Belichtungsstärke für Röntgenaufnahmen beim Meerschweinchen sind abhängig von der verwendeten Kassette, der Belichtungs- und Entwicklungsart. Mit gleichen Belichtungen, die man für kleine Katzen verwendet, erzielt man gute Ergebnisse.

1.5 Narkose

Für chirurgische Eingriffe hat sich in der Praxis die Injektionsnarkose mit Ketamin HCl und Xylazin bewährt. Hierfür werden 100 mg pro kg Körpergewicht Ketamin HCl und 5 mg pro kg Körpergewicht Xylazin in einer Mischspritze aufgezogen und intramuskulär verabreicht. Nach ungefähr 5 min liegt das Tier in Seitenlage, und nach ca. 10 min kann ein chirurgischer Eingriff durchgeführt werden. Die Wirkungsdauer beträgt ca. 60 min, die Nachschlafdauer ca. 4 Stunden. Für diese Art der Narkose ist eine vagolytische Prämedikation mit Atropin nicht erforderlich.

Für die unter Praxisbedingungen weniger zu empfehlende Inhalationsnarkose verwendet man mit Gaze oder Mull ausgelegte Masken, die man mit Halothan® betropft und dem Meerschweinchen über Mund und Nase stülpt. Hierbei ist darauf zu achten, das die halothangetränkte Gaze nicht seine Nasenschleimhäute berührt, damit keine Hautreaktionen entstehen. Die Narkosetiefe wird durch Abnehmen der Maske reguliert, wodurch die Konzentration des eingeatmeten Halothan-Luftgemisches verringert wird. Diese Möglichkeit der Narkose wird nur als Information hier erwähnt. Eine in der Praxis bewährte Methode ist sie nicht. Bei dieser Form der Narkose ist die Prämedikation mit Atropin 0,10 mg pro kg Körpergewicht subkutan erforderlich, um die starke Speichelsekretion, die aspiriert werden kann, zu vermeiden.

Vor der Narkose sollte wegen der langen Verweildauer der Nahrung im Magen das Meerschweinchen 12 Stunden keine feste Nahrung aufnehmen. Wenn das Tier mit Heu eingestreut ist, ist auch die Einstreu zu entfernen.

Vor einer Narkose muß den Meerschweinchen einige Tage 1–2 mg pro ml Wasser Vitamin C über das Trinkwasser verabreicht werden, da Vitamin-C-Mangel die Narkosetiefe und die Nachschlafdauer beeinflussen kann.

Für Laboratoriumstiere gibt es spezielle Inhalationsnarkoseapparate und Tracheotuben, die aber wegen des hohen Preises in der tierärztlichen Allgemeinpraxis kaum Verwendung finden dürften.

Während der Aufwachphase ist das Meerschweinchen anfällig für Temperaturverlust. Es sollte nach erfolgtem chirurgischen Eingriff unter einer Infrarotlampe oder auf einer Wärmflasche gelagert werden, wobei die Körpertemperatur (39 °C) des Patienten bis zum völligen Erwachen aus der Narkose konstant gehalten werden muß.

1.6 Organerkrankungen

1.6.1 Hauterkrankungen

Hautkrankheiten sind sehr häufig der Grund für das Vorstellen von Meerschweinchen in der tierärztlichen Praxis.

■ Alopezie (Kahlstellen)
Alopezie ohne Juckreiz kann generalisiert sein oder nur an einzelnen Stellen des Körpers auftreten. Diese Alopezien können bei Meerschweinchen jeden Alters festgestellt werden. Solche Kahlstellen können die Folge von Streßsituationen sein und werden häufig gefunden, wenn zwei männliche Tiere zusammen gehalten werden. Auch »Overcrowding«, d. h. zu große Meerschweinchengruppen auf zu engem Raum,

können Ursache der Erkrankung sein. Die mögliche Therapie besteht hier im Abstellen der Streßsituation.

Eine weitere Ursache für Alopezien ist das Haarfressen durch das Meerschweinchen selbst. Falls die Tiere nicht völlig kahl sind und das Haarkleid abgefressen aussieht, ist die Diagnosestellung nicht schwierig. Aus der Anamnese geht meist hervor, daß die Tiere kein oder zuwenig Heu zu fressen bekommen haben. Die Nahrung der Meerschweinchen enthielt dadurch einen zu geringen Rohfaseranteil, wodurch das Meerschweinchen veranlaßt wurde, seine Haare aufzufressen. Die regelmäßige Gabe von Heu ist hier die einzig erforderliche Therapie.

Eine weitere Form der Kahlstellen findet sich ausschließlich beim weiblichen Meerschweinchen. Haarausfall in beiden Flanken wird hier durch Ovarialzysten hervorgerufen. Die Therapie besteht hier in der Sterilisation des erkrankten Meerschweinchens.

■ Ektoparasiten

□ Haarlinge und Läuse

Bei Hauterkrankungen mit starkem Juckreiz sind Haut und Haare des Patienten genau auf Ektoparasiten zu untersuchen. Eine Handlupe ist hier nützlich. Sind Läuse die auslösende Ursache, so lassen sich in den Haaren sehr gut die 0,5–0,8 mm langen birnenförmigen Eier oder »Nissen« erkennen, die von den weiblichen Tieren mit Hilfe eines Sekrets der Kittdrüse fest an die Haare angeklebt werden. Die Läuse selbst halten sich mit ihren Greifwerkzeugen an den Haaren fest, so daß sie durch Bürsten nicht zu entfernen sind.

Auch Haarlinge sind beim Meerschweinchen anzutreffen, hier häufig *Gyropus ovalis* und *Gliricola procelli.* Diese ungefähr 1 mm großen Haarlinge leben im Fell und sind sehr beweglich. Sie ernähren sich von Hautschuppen und Hautdrüsensekreten, einige saugen auch Blut. Durch ihre Tätigkeit in den oberen Hautschichten erzeugen sie einen starken Juckreiz.

Haarlinge und Läuse lassen sich sehr gut durch Kontaktgifte vernichten. Bewährt hat sich das Baden in 0,15%iger Neguvon®-Lösung oder ein Bad mit Alugan®-Lösung 0,5%ig. Die Waschbehandlung muß 2–3mal in achttägigen Intervallen durchgeführt werden, um eine Reinfektion durch ausschlüpfende Larven zu verhindern. Gleichzeitig mit der Behandlung des Tieres sollte auch der Käfig mit Alugan® abgewaschen oder mit Jacutin®-Puderspray eingesprüht werden.

□ Milben

Die häufigsten Milbenerkrankungen bei Meerschweinchen werden durch Hydrodiskoidesmilben und verschiedene Sarkoptesarten hervorgerufen. Gelegentlich wurden auch andere Milbenarten beim Meerschweinchen gefunden; die Berichte beschränken sich jedoch hier in der Regel auf wenige Einzelfälle.

Milbenbefall verursacht einen starken Juckreiz, bei sehr starkem Milbenbefall im fortgeschrittenen Stadium kommt es zu Hautverdickungen, Hautentzündungen, Auffältelung der Haut mit Haarausfall. Die Tiere magern ab, weil sie ruhelos werden und die Nahrungsaufnahme verweigern. Der Milbenbefall führt nicht selten zum Tode. Der starke Juckreiz wird hervorgerufen durch die Aktivitäten der Milben in den oberen Hautschichten. Während *Chirodiskoides cati* sich in der Nähe der Haut an die Haare anklammern, findet man Sarkoptes- und Notoedresmilben nur im Innern der Haut. Die Chirodiskoidesmilben lassen sich daher auch mit Hilfe eines Klebestreifens, der fest an die Haut gedrückt und anschließend abgezogen wird, unter dem Mikroskop nachweisen, während man für Sarkoptes- und Notoedresmilben ein Hautgeschabsel anfertigen muß. Hierzu wird ein kleines Stückchen Haut oberflächlich geschoren. Dann schabt man mit einem Skalpell vorsichtig Schicht um Schicht der Haut ab. Die auf dem Skalpellblatt anhaftenden Hautpartikel werden an einem Objektträger abgestrichen. Das auf den Objektträger aufgebrachte Hautgeschabsel wird nun mit einigen Tropfen 10 %iger Kalilauge vermengt. Der Objektträger wird in eine feuchte Kammer gebracht (kleiner Behälter, in dem durch Auslegen mit feuchten Gazestreifen oder Mullbinden besonders hohe Luftfeuchtigkeit erzeugt wird). Man läßt die Kalilauge in der feuchten Kammer 24 Stunden auf das Hautgeschabsel einwirken. Die Milben können dann auf dem Objektträger nachgewiesen werden.

Die Therapie bei den Milbenerkrankungen besteht im Baden in 0,5 % Alugan®-Lösung. Die Bäder müssen dreimal hintereinander in einwöchigem Abstand erfolgen. Die Heilungsaussichten sind um so besser, je eher mit der Therapie begonnen wurde. Im späten Stadium sind die Milbenerkrankungen sehr häufig therapieresistent. Es ist wichtig, daß der **gesamte** Tierbestand behandelt wird und nicht nur einzelne Tiere. Bei gleichzeitiger Haltung von Kaninchen und Meerschweinchen sind die Kaninchen in die Therapie mit einzubeziehen, weil verschiedene Milben, z. B. *Sarkoptes cuniculi,* beide Tierarten befallen können.

Eine weitere Therapiemöglichkeit besteht in der Beimischung von Dichlorphos in die Einstreu der Tiere. Die Großtieranthelmintica Atgard® Nr. 5 und Equigard® enthalten diesen Wirkstoff in kleinen Kügelchen. Diese Großtierpräparate können der Einstreu beigemischt werden und geben dann den Wirkstoff Dichlorphos an die Umgebung ab. Diese Therapie ist für die Tiere mit weniger Streß verbunden als Tauchbäder, bei denen die Patienten völlig in die antiparasitäre Lösung eingetaucht werden müssen. Zusätzlich zu dieser direkten Bekämpfung der Milben am Tierkörper müssen die Stallungen und Lagerstätten der Tiere desinfiziert werden und mit einem Puder oder Spray, z. B. Alugan®, behandelt werden.

□ Weitere Ektoparasiten

Vereinzelt werden beim Meerschweinchen auch Hundeflöhe gefunden, besonders dann, wenn zugleich ein Hund oder eine Katze gehalten werden, die eine Ansteckungsquelle darstellen. Falls bei Hund oder Katze Flöhe festgestellt wurden, ist das Hausmeerschweinchen mit in die Therapie einzubeziehen. Auch ein Befall mit Menschenflöhen soll beim Meerschweinchen vorkommen.

Im Freien lebende Meerschweinchen werden bisweilen wie Hunde, Katzen oder Menschen von Zecken *(Ixodes ricinus)* befallen. Die Therapie besteht hier in einem einfachen Herausdrehen der Zecke. Man legt den Zeigefinger auf die Zecke und dreht den Zeckenkörper mit Hilfe des Zeigefingers um seine eigene Achse, bis die Zecke herausfällt. Anschließend ist die Bißstelle zu desinfizieren.

Während der warmen Sommermonate findet man bei Meerschweinchen, die im Freien gehalten werden, an kleineren Wunden oder in von Durchfall entzündeten Analregionen etliche Fliegenmaden. Die betroffenen Stellen sind mit lauwarmem Wasser gründlich zu säubern und anschließend zu desinfizieren. Auf die gereinigten Stellen sollte ein antibiotischer Puder oder eine Salbe mit Zinksalbengrundlage aufgetragen werden.

■ Dermatomykosen

Pilzerkrankungen sind beim Meerschweinchen nicht selten und wegen der Infektionsgefahr für den Menschen von besonderer Bedeutung. Verschiedene Mikrosporumarten, wie *Microsporum audine, M. canis, M. fulvum, M. gypseum, M. distortum* sowie *M. mentagrophytes* sind beim Meerschweinchen bereits gefunden worden. Die Diagnose der Mikrosporie erfolgt mit Hilfe einer ultravioletten Lampe (Woodsche Lampe). Die Bestrahlung der Tiere in einem abgedunkelten Raum mit ultraviolettem Licht läßt die von Mikrosporum befallenen Haare grün fluoreszieren. Als Therapie erhält das Meerschweinchen täglich 25 mg pro kg Körpergewicht Griseofulvin oral über einen Zeitraum von 21 Tagen. Da Pilzerkrankungen Faktorenerkrankungen sind, ist auf gute Ernährung, Hygiene und Sauberkeit zu achten, eventuell sind die Haltungsbedingungen zu verändern.

■ Ballenabszesse

Bei übergewichtigen Meerschweinchen treten Ballenabszesse auf, die sich nach einer Entzündung der Fußballen bilden. Die Ursache für diese Fußballenabszesse ist unbekannt und die Therapie sehr langwierig. Die Tiere müssen auf einem weichen Untergrund gehalten werden, und über einen langen Zeitraum sind tägliche Verbandwechsel mit Zink-Lebertransalbe erforderlich. In eini-

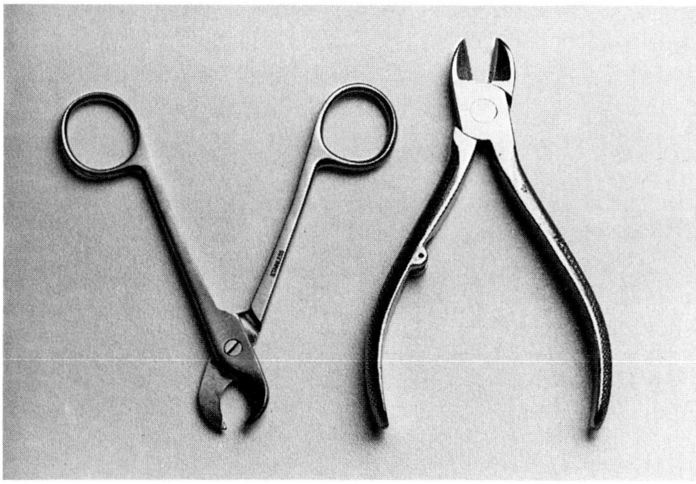

Abb. 4: Nagelzangen zum Beschneiden der Krallen

gen Fällen ist eine Heilung der Fußballenabszesse überhaupt nicht möglich.

■ Übermäßiges Krallenwachstum
Bei Meerschweinchen mit wenig Auslauf auf rauhem Untergrund wachsen die Fußnägel weit über die normale Länge hinaus. Sie können in die Fußballen einwachsen oder sie verformen sich zu korkenzieherähnlichen Gebilden. Mit Hilfe einer Nagelzange können die Nägel gekürzt werden.

1.6.2 Herz- und Kreislauferkrankungen

Herz- und Kreislauferkrankungen werden beim Meerschweinchen nur selten beobachtet. Streß und zu hohe Temperaturen über einen längeren Zeitraum können zu einer Kreislaufinsuffizienz führen. Die Meerschweinchen liegen reaktionslos auf der Seite und haben einen stark beschleunigten Puls und eine schnelle, flache Atmung. Die Therapie besteht zuerst aus dem Abstellen der Ursache des Kreislaufversagens. Das bedeutet bei Streß das Abstellen der Streßsituation, indem man das Meerschweinchen in einen dunklen, ruhigen Raum bringt. Ist Hitze die Ursache für das Kreislaufversagen, so wird das Meerschweinchen kühl gelagert, z. B. auf oder unter einem feuchten Tuch. Der Nacken kann mit einem Eisstückchen eingerieben werden. Den Tieren kann 1 Tropfen Carnigen® auf die Zunge geträufelt oder 5 mg Effortil® subcutan injiziert werden.

Die Therapie kann durch Gaben von Glucocorticoiden unterstützt werden. Zur Vermeidung eines Hitzschlages ist wichtig, daß im Freien gehaltene Meerschweinchen immer einen schattigen Platz zur Verfügung haben. Diese Schattenplätze müssen gut durchlüftet sein; es genügt nicht, ein Laufgitter auf die Wiese zu stellen, in dem lediglich ein Karton mit einer Öffnung als Schattenplatz zur Verfügung steht, da sich hier wegen der fehlenden Luftzirkulation die Hitze im Karton stauen kann.

1.6.3 Erkrankungen der Atmungsorgane

Beim Meerschweinchen sind die Atmungsorgane neben den Verdauungsorganen die am häufigsten von Krankheiten betroffenen Organe. Die physiologische Atemfrequenz beträgt 100–150 Atemzüge in der Minute.

Pneumonien bilden die häufigste Todesursache, die bei Sektionen nachgewiesen wird. Hauptsächlich kommen für diese Pneumonien als Erreger *Streptococcus pyogenes, Diplococcus pneumoniae, Bordetella bronchiseptica* und *Pasteurella multocida* in Frage. In der Praxis ist die genaue Differenzierung der einzelnen Erreger schwierig, jedoch ist beim Tode des Tieres eine Sektion mit gleichzeitigem Erregernachweis und Resistenztest anzuraten, da verschiedene Pneumonieerreger auch menschenpathogen sein können. So werden auch häufig Meerschweinchen durch den Menschen mit dem Pneumonieerreger infiziert. Wie bei den meisten Infektionskrankheiten, so können auch hier schlechte Haltungsbedingungen und schlechtes Futter auf Infektion und Ausbreitung sowie Schwere der Erkrankung Einfluß nehmen.

Werden mehrere Meerschweinchen zusammen gehalten, so sind erkrankte Tiere unverzüglich zu isolieren. Hierbei genügt es nicht, die erkrankten Tiere von den gesunden lediglich zu trennen. Der Tierbesitzer muß den kranken Meerschweinchen eigene Futter- und Trinkgefäße zur Verfügung stellen sowie eine gründliche Desinfektion der Hände nach Berühren der erkrankten Tiere vornehmen, um mit größtmöglicher Sicherheit auszuschließen, daß er die Erreger auf die gesunden Tiere überträgt. Das klinische Erscheinungsbild ist trotz der Verschiedenheit der Erreger sehr ähnlich. Die Meerschweinchen werden apathisch, verweigern die Nahrungsaufnahme, niesen und bekommen Fieber. An den Nasenlöchern läßt sich unter Umständen eitriger Nasenausfluß finden. Die Tiere zeigen eine flache, hochfrequente Atmung und eine Pleuritis, die auskultatorisch wahrgenommen werden kann. Ein signifikantes Symptom ist das Reiben der Nase über den Boden oder der Versuch, die Nase mit den Vorderpfoten von dem eitrigen Ausfluß zu befreien.

Häufiger treten Pneumonien während der Wintermonate auf, da während dieser Zeit die Grünfutterzufuhr eingeschränkt und die Fütterung erheblich nährstoffärmer ist als im Sommer.

Trotz Therapie sind die Heilungsaussichten bei einer Pneumonie beim Meerschweinchen gering. Die Therapie besteht in der Gabe von Antibiotika, wobei diese dem Meerschweinchen parenteral gegeben werden sollten, um die empfindliche Darmflora nicht zu stören. Ich empfehle, Oxytetracyclin 10 mg pro kg Körpergewicht subkutan zu injizieren oder Sulfonamide in einer Dosierung von 100 mg pro kg Körpergewicht ebenfalls subkutan zu verabreichen. Sind mehrere Tiere im Bestand, so können die nicht erkrankten Meerschweinchen 0,1 mg pro 10 ml Trinkwasser Oxytetracyclin erhalten. Diese Dosierung ist über 7 Tage durchzuführen.

Zur Vorbeugung ist es ratsam, den Meerschweinchen während der Wintermonate gekeimtes Getreide zur Verfügung zu stellen oder während der Sommermonate frisches Grünfutter in ausreichender Menge einzufrieren, um das Winterfutter damit ergänzen zu können. Außerdem ist darauf zu achten, daß während der Heizperiode die Luftfeuchtigkeit in den Wohnräumen nicht zu stark absinkt. Das Meerschweinchen liebt, wie auch der Mensch, 50%ige Luftfeuchtigkeit. Durch die zu trockene Luft werden Atemwegsinfekte begünstigt. Luftbefeuchter, Verdunster oder ganz einfach eine ausreichende Topfbepflanzung des Raumes halten auch im Winter die Luftfeuchtigkeit über 45 %.

Pneumonieerreger beim Meerschweinchen sind *Bordetella bronchiseptica, Diplococcus pneumoniae, Salmonella typhimurium, Salmonella enteridis, Pasteurella pseudotuberculosis, Pasteurella multocida, Streptococcus pneumoniae, Streptococcus pyogenes, Streptococcus zooepidemicus, Pseudomonas aeroginosa, Klebsiella pneumoniae.*

Eine weitere Viruserkrankung äußert sich beim Meerschweinchen mit Symptomen im Atmungsapparat, die lymphozytäre Choriomeningitis (LCM). Diese Viruserkrankung ist auf den Menschen übertragbar und kann dort in ihrer akuten Form eine tödliche Meningoencephalitis hervorrufen. Infektionsquellen sind sehr häufig infizierte Hausmäuse. Beim Meerschweinchen kann die Krankheit ohne klinisches Erscheinungsbild verlaufen oder mit starken Atembeschwerden und Pneumonie sowie einer Pleuritis. Die starken Atemgeräusche sind auskultatorisch wahrnehmbar.

Eine Therapie dieser Erkrankung kommt selbstverständlich wegen der großen Gefahr für den Menschen nicht in Frage. Meerschweinchen, bei denen der Verdacht auf LCM besteht, müssen eingeschläfert werden. Bei Verdacht auf LCM ist in jedem Fall eine Sektion mit Erregernachweis durchzuführen.

1.6.4 Erkrankungen der Verdauungsorgane

Durch seinen über 2 m langen Darm und die bis zu einer Woche dauernde Magen- und Darmpassage ist der Verdauungsapparat des Meerschweinchens gegenüber Störungen sehr anfällig. Entsprechend häufig werden Meerschweinchen auch mit Störungen im Verdauungstrakt in der Praxis vorgestellt. Auf Änderung in der Nahrungszusammensetzung reagiert die Darmflora sehr empfindlich. Wenn das Futter umgestellt werden muß, so hat diese Umstellung sehr langsam zu erfolgen (s. Kapitel 1.2 Haltung und Fütterung).

■ Speicheldrüsenvirusinfektion
Die Infektion des Meerschweinchens mit dem Cytomegalievirus, einem Herpesvirus, erfolgt oral. Sehr oft verläuft die Krankheit ohne klinisches Erscheinungsbild. In einigen Fällen kommt es jedoch zu Fieber und vermehrtem Speichelfluß. Eine Therapie ist nicht erforderlich, die Krankheit heilt von selbst und die durchseuchten Tiere besitzen dann eine Immunität gegenüber dem Cytomegalievirus.

■ Zahnanomalien
Durch eine angeborene Fehlstellung der *Incisivi* kommt es nicht selten zu einem ungehinderten Längenwachstum. Hierdurch kann es zu Störungen der Nahrungsaufnahme kommen. In diesem Fall sind die Schneidezähne mit Hilfe eines scharfen Seitenschneiders auf die normale Länge zu kürzen. Um Splitterung beim Abschneiden zu vermeiden, kann man auch eine Trennscheibe verwenden, die man auf einen Zahnbohrer aufsetzt. Die unteren *Incisivi* sind beim Meerschweinchen länger als die oberen. Dies muß beim Kürzen der Zähne berücksichtigt werden, um dem Tier nach erfolgter Behandlung eine physiologische Nahrungsaufnahme zu ermöglichen. Da die Zähne im Laufe der Zeit nachwachsen, muß diese Therapie in Abständen wiederholt werden.

Sehr häufig werden Meerschweinchen in die Praxis gebracht mit dem Vorbericht, daß das Tier jegliche Nahrung verweigere. Die Tiere gehen zum Futter, versuchen zu fressen, wenden sich dann ab, Unterkiefer und Hals dieser Tiere sind meist naß vom starken Speichelfluß. Bei der Inspektion der Mundhöhle findet man hier breiige Nahrungsreste in den Backentaschen vor. Auf den Backenzähnen sind durch fehlerhaften Schluß der Backenzähne von Ober- und Unterkiefer und dadurch falschen Abrieb Haken entstanden, die, wenn sie nach innen wachsen, die Zunge verletzen oder, wenn sie nach außen wachsen, die Mundschleimhäute einschneiden. Es kann in Extremfällen zu vollständiger Brückenbildung zwischen den Haken des rechten und den Haken des linken Unterkiefers kommen. Diese Haken können mit einer Schere abgeschnitten werden. Zur Untersuchung der Mundhöhle öffnet eine Hilfsperson diese mit Hilfe einer über die Schneidezähne des Ober- und Unterkiefer geführte geschlossene Zungenzange, die durch Spreizen die Kiefer trennt. Mit zwei Scheren geht man nun in die Mundhöhle und drückt die Zunge zur Seite. Eine Lichtquelle muß das Innere der Mundhöhle ausleuchten. Nach dem Ausräumen der Futtermittelreste aus den Backentaschen werden die Zahnhaken deutlich sichtbar. Während man mit einer Schere die Zunge zur Seite drückt, kann man mit der anderen Schere die Haken leicht abschneiden. Es empfiehlt sich hierfür eine schmale Schere, da eine breite Schere in der engen Mundhöhle nicht ausreichend geöffnet werden kann. An den durch die Haken hervorgerufenen Verletzungen der Mundschleimhaut und der Zunge können sich kleine Abszesse bilden. Solche Abszesse sind zu öffnen und antibiotisch zu versorgen. Die verletzte Mundschleimhaut

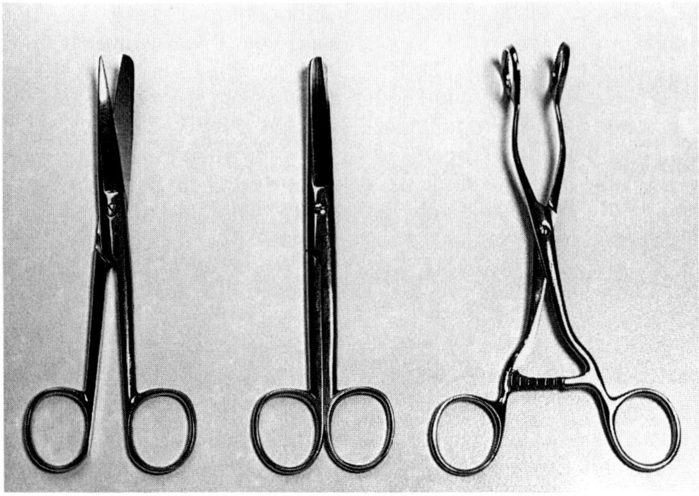

Abb. 5: Instrumente zur Zahnkorrektur (s. a. Abb. 13 und 14 in Kap. 2, Kaninchen)

sollte nach dem Abschneiden der Haken mit einem Watteträger, der mit Salviathymol® oder Kamillosan® getränkt ist, behandelt werden. Wegen der sehr guten Heilungstendenz der Mundschleimhaut fressen die Tiere meist am nächsten Tag schon wieder normal. Auch in diesem Fall ist damit zu rechnen, daß die Behandlung in regelmäßigen Abständen wiederholt werden muß.

Da die Ursache für diese Zahnerkrankungen meist eine ererbte Fehlstellung der Zähne ist, sind Tiere mit Erkrankungen dieser Art von der Zucht auszuschließen.

Bei den Meerschweinchen mit Backenzahnanomalien ist sehr häufig Speichelfluß zu beobachten, der daherrührt, daß beim Schlucken die Zunge nach hinten bewegt werden muß. Wenn die Haken der Backenzähne in die Zungenschleimhaut einschneiden, kann das Meerschweinchen die Zunge nicht mehr zurückbewegen und läßt den Speichel aus der Mundhöhle herauslaufen. Dies führt zu den beschriebenen nassen Stellen an Unterkiefer und Hals.

Für das Abschneiden der Haken auf den Backenzähnen wird das Meerschweinchen oft anästhesiert. Mit Übung und Geduld läßt sich dieser Eingriff jedoch auch gut ohne Narkose durchführen. Da der Eingriff in gewissen Abständen zu wiederholen ist — es gibt Patienten, die alle 4 Wochen zu dieser Behandlung kommen müssen — ist die Durchführung ohne Narkose dringend anzuraten. Aus demselben Grund ist auch für das Kürzen der Backenzähne der Schere der Vorzug vor der Schleifscheibe am Zahnbohrer zu geben, da für das Abschleifen der Backenzähne mit der Trennscheibe eine Narkose unumgänglich ist.

■ Tympanie

Wie bei Wiederkäuern, kommt es auch beim Meerschweinchen im Frühjahr nach der ersten Grünfütterung unter bestimmten Umständen zu sehr schmerzhaften Aufblähungen. Die bei den Gärprozessen entstehenden Gase lassen Magen und Darm stark auftreiben. Die Tiere atmen schnell und flach und haben einen angespannten Leib. Das Klopfen mit dem Finger auf den Bauch bewirkt bei gleichzeitiger Auskultation einen trommelartigen Klang. Daher rührt auch der Name Tympanie (griech.: tympanon: die Trommel). Zur Therapie müssen die Tiere 24 Stunden fasten und erhalten anschließend lediglich Heu zu fressen, dem allmählich immer mehr Grünfutter zugemischt wird. Eine Injektion von 0,2 ml Buscopan® subkutan, die bei Bedarf nach 6 Stunden noch einmal wiederholt wird, lindert die Beschwerden. Es kann auch ein linsengroßes Stück eines Buscopan Suppositoriums rektal eingeführt werden.

■ Enteritiden

Durch Dysbakterien kommt es in dem empfindlichen Verdauungssystem des Meerschweinchens häufig zu einer Enteritis. Die Ursachen für die Störung der Zusammensetzung der Mikroorganismen des Darmes sind vielfältig. So kann eine Futterumstellung oder eine Fütterung mit einem zu geringen Rauhfaseranteil, die Gabe von Antibiotika oral oder ein Verweigern der Nahrungsaufnahme über mehrere Tage eine erhebliche Störung der Darmflora auslösen.

Die klinischen Symptome sind Durchfall, Aufgetriebenheit des Leibes sowie stark hörbare Darmgeräusche. Bei der Untersuchung des Urins, den man durch Ausdrükken der Blase gewinnt, lassen sich Ketonkörper feststellen. Die Therapie besteht aus der Wiederherstellung einer funktionsfähigen Darmflora. Daher darf während der ersten 36 Stunden nach Auftreten der Beschwerden ausschließlich Heu als Diätfutter angeboten werden. Daß das Heu von einwandfreier Beschaffenheit sein muß, versteht sich von selbst, da auch schimmeliges Futter zum Auftreten einer Enteritis führen kann. Auf keinen Fall dürfen oral Antibiotika verabreicht werden, da hierdurch der Aufbau einer intakten Darmflora gestört wird. Es ist empfehlenswert, dem Meerschweinchen Darmbakterien zur Verfügung zu stellen. Diese erhält man, indem man den Kot von gesunden Meerschweinchen in etwas Wasser auflöst und dem Meerschweinchen mit einer Einmalspritze eingibt. Der Flüssigkeitsverlust durch den Durchfall kann durch subkutane Injektion von Glukose- und Elektrolytlösungen ausgeglichen werden. Für den Aufbau einer neuen intakten Darmflora ist es unbedingt erforderlich, daß ein Meerschweinchen Nahrung aufnimmt. Bei Nahrungsverweigerung ist eine künstliche Ernährung vorzunehmen (vgl. Kap. 1.2.1).

□ Colibazillose

Eine weitere infektiöse Enteritis wird durch *Escherichia coli* hervorgerufen. Eine Veränderung der Darmflora kann zu einer starken Anreicherung von Escherichia-coli-Keimen führen, die normalerweise im Darm des Meerschweinchens nicht vorkommen. Die Colibazillose nimmt einen stürmischen Verlauf, die Tiere sterben innerhalb von wenigen Tagen mit blutigem Durchfall. Wegen der kurzen Zeitspanne von der Infektion bis zum Tod der Tiere ist eine Therapie mit Antibiotika sowie eine Wiederherstellung der Darmflora im Normalfall unmöglich.

□ Salmonellose

Eine besondere Form der Enteritis stellt die Salmonellose dar. Diese Erkrankung kann latent, akut sowie chronisch verlaufen. Die Meerschweinchen infizieren sich mit Salmonellose meistens durch den Kot von Wildkaninchen oder Mäusen oder aber durch die Nahrung. Bei akutem Verlauf führt die Krankheit unter starken Durchfällen innerhalb von 24–28 Stunden zum Tode, während bei chronischem Verlauf immer wieder Durchfälle mit Inappetenz auftreten. Die Therapie besteht in der parenteralen Gabe von Antibiotika nach Durchführung eines Resistenztests. Bei der akuten Form der Salmonellose gibt es jedoch keine Heilungsaussichten.

Wegen der Infektionsgefahr für den Menschen ist beim Umgang mit an Salmonellose erkrankten Meerschweinchen auf äußerste Sauberkeit und Desinfektion der Hände nach jedem Umgang mit dem erkrankten Tier zu achten. Kinder sind von den erkrankten Meerschweinchen unbedingt fernzuhalten, ebenso andere Haustiere.

■ Obstipation (Verstopfung)

Gelegentlich werden Meerschweinchen in der Sprechstunde vorgestellt, die schon seit Tagen keinen Kot mehr abgesetzt haben und mit Symptomen starker Bauchschmerzen apathisch in der Ecke sitzen. Die angestauten Kotballen lassen sich gut im Darm ertasten. Die Therapie muß hier sehr vorsichtig erfolgen, um die empfindliche Darmschleimhaut möglichst wenig zu schädigen. Es dürfen daher keine zu stark laxierenden Mittel verwendet werden. Man gibt dem Tier 2 ml Paraffinöl mit der Einmalspritze oral ein, in den Enddarm bekommt das Tier 1/4 Tube Mikroklist®. 0,2 ml Buscopan® subkutan injiziert können die Therapie unterstützen. Eine vorsichtige Massage des Bauches regt die Darmperistaltik an und schafft Linderung.

Wird mit Hilfe der obenangegebenen Therapie nicht innerhalb von wenigen Stunden ein Erfolg erzielt, ist eine Röntgenaufnahme (evtl. mit Bariumsulfat) angezeigt. Beim Meerschweinchen sind Darmverschlüsse verschiedener Ursache beobachtet worden, die eine chirurgische Therapie erforderlich machten. Die Heilungsaussichten sind hierbei allerdings nur begrenzt.

■ Endoparasiten

Durch Endoparasiten hervorgerufene Erkrankungen des Meerschweinchens kommen in der Praxis — vielleicht mit Ausnahme der Coccidiose — sehr selten vor, auch wenn sie in der Literatur mannigfaltig beschrieben sind. Es handelt sich hierbei vielfach um Sektionsbefunde.

□ Trichomoniasis

Trichomonadeninfektionen äußern sich in Diarrhoe und Abmagerung. Sie werden vor allem hervorgerufen durch *Trichomonas caviae* und *Trichomonas microti.* Bei starkem Befall verursachen die Trichomonaden eine Darmentzündung. Die Erreger lassen sich im Kotausstrich unter dem Mikroskop nachweisen. Die Therapie erfolgt mit Metronidazol in einer Dosierung von 50 mg pro kg Körpergewicht. Hierbei sollte das Medikament über das Trinkwasser verabreicht werden, wobei nur Trockenfutter zur Fütterung gelangen darf, damit die Tiere ausreichend Wasser aufnehmen.

□ Amoebiasis

Dieselbe Therapie erfolgt bei der Amoebiasis, die hervorgerufen wird durch *Endamoeba caviae* oder *Endamoeba muris.* Die Amöbeninfektion erfolgt durch Aufnahme der Zysten mit der Nahrung. Die Zysten können mit der Flotationsmethode gut nachgewiesen werden. Auch die Amöben rufen eine Darmentzündung hervor, die sich in Durchfall und Abmagerung äußert.

□ Coccidiose

Die am häufigsten in der Praxis vorkommende endoparasitäre Erkrankung des Meerschweinchens ist die Coccidiose. Diese Erkrankung wird durch Endoparasiten der *Eimeria* species, *Eimeria caviae,* hervorgerufen. Erstes Symptom ist ein unstillbarer Durchfall, wobei der Kot nicht selten mit Blut vermischt ist. Die Oozysten lassen sich unter dem Mikroskop bei massenhaftem Befall im Nativpräparat, bei weniger starkem Befall mit Hilfe der Flotationsmethode nachweisen. Die Therapie erfolgt auch hier am besten über das Trinkwasser. Die Fütterung hat ganz mit Trockenfutter zu erfolgen, damit ausreichend Flüssigkeitszufuhr über das Trinkwasser erfolgen kann. Sulfametazin, in der Dosierung 1 g pro Liter Trinkwasser über 7 Tage, oder Sulfamidin, 2 %, ebenfalls über 7 Tage, ins Trinkwasser sind für die Therapie geeignet.

□ Toxoplasmose

Beim Meerschweinchen wurde auch der Erreger der Toxoplasmose, *Toxoplasma gondii,* nachgewiesen. Unter Praxisbedingungen ist der Erregernachweis kaum durchzuführen, da er im Tierversuch erfolgt oder durch Antikörpernachweis im Serum. Es sei jedoch darauf hingewiesen, daß das Meerschweinchen selbst an Toxoplasmose erkranken kann, jedoch nicht in der Lage ist, infektionsfähige Oozysten auszuscheiden. Da uns das Meerschweinchen nicht mehr als Nahrungsmittel dient, ist eine Toxoplasmainfektion des Menschen durch das Meerschweinchen ausgeschlossen.

□ Fasciolose

Von den Trematoden spielt für das Meerschweinchen lediglich *Fasciola hepatica* eine Rolle. Mit *Fasciola hepatica* können sich die Meerschweinchen durch Aufnahme von frischem Gras oder Ameisen von infizierten Weiden infizieren. Auch diese Erkrankung dürfte in der Praxis nur in Ausnahmefällen zu diagnostizieren sein. Sie stellt einen Sektionsbefund dar. Bei Vorliegen eines solchen Sektionsbefundes muß der Besitzer darauf hingewiesen werden, daß er für seine Tiere eine andere Grünfutterquelle suchen muß, um in Zukunft Infektionen mit *Fasciola hepatica* zu vermeiden. Die Symptome der Fasciolose bestehen in Apathie und Abmagerung. Diese treten jedoch erst bei massivem Befall auf, bei dem eine Therapie nur noch wenig Erfolg verspricht. Therapeutisch einsetzbar bei Fasciolose ist Praziquantel (Droncit®) in einer Dosierung von 5 mg pro kg Körpergewicht.

□ **Bandwurmbefall**

Bandwurmbefunde sind beim Meerschweinchen überaus selten. Die am häufigsten gefundenen Bandwurmarten sind *Hymenolepis fraterna* und *Hymenolepsis nana* sowie *Echinococcus granulosus.* Sollte in der Praxis beim Meerschweinchen ein Bandwurmbefall nachgewiesen werden, so erfolgt eine Therapie mit einer einmaligen Gabe von 5 mg Praziquantel (Droncit®) pro kg Körpergewicht.

□ **Oxyurenbefall**

Bei der Untersuchung von Meerschweinchenkot mit Hilfe des Flotationsverfahrens kann man auf ovale Nematodeneier stoßen, *Paraspidodera uncinata.* Diese Oxyuren rufen normalerweise beim Meerschweinchen keinerlei Symptome hervor. Lediglich bei Jungtieren oder bei massenhaftem Befall kann es zu Abmagerung und Todesfällen kommen. Die üblichen Nematodentherapeutika helfen auch beim Meerschweinchen. Fenbendazol in der Dosierung 50 mg pro kg Körpergewicht (Panacur®), Thiabendazol (Thibenzole®) in der Dosierung 100 mg pro kg Körpergewicht oder Piperazin-Zitrat in der Dosierung 4–7 g pro Liter Trinkwasser.

1.6.5 Erkrankungen der Harnorgane

■ **Cystitis**

Von den Erkrankungen der Harnorgane des Meerschweinchens ist die Cystitis wohl die häufigste. Klinisch äußert sie sich in Unruhe und dem vermehrten Versuch, Harn abzusetzen — oft zur mit geringem Erfolg. Der Urin kann blutig sein. Eine Therapie mit Sulfonamiden, 100 mg/kg Körpergewicht s. c., evtl. unterstützt von 0,2 ml Buscopan® als Spasmolytikum, muß hier innerhalb von 24 Stunden zum Erfolg führen. Die Therapie ist jedoch unbedingt über 5 Tage durchzuführen, da sonst sehr leicht Rückfälle die Folge sein können. Parallel zu der Sulfonamidtherapie muß ein Resistenztest angelegt werden, damit im Falle des Versagens der Sulfonamidtherapie auf jeden Fall ein therapeutisch wirksames Medikament bekannt ist. Sollte die Antibiotikatherapie nicht innerhalb von 24 Stunden die gewünschte Wirkung zeigen, ist dringend eine Röntgenaufnahme anzufertigen, da auch beim Meerschweinchen Harngries und Blasensteine vorliegen können.

■ **Blasensteine**

Die Steine lassen sich durch eine Röntgenaufnahme darstellen, u. U. ist ein Harnsediment mikroskopisch zu untersuchen. Hierzu wird Urin mit einem Mikrohämatokritröhrchen aufgenommen und zentrifugiert. Der Inhalt des Mikrohämatokritröhrchens läßt sich unter dem Mikroskop betrachten.

Blasensteine müssen chirurgisch entfernt werden. Zu diesem Zweck wird das Meerschweinchen in Narkose gelegt (vgl. Kap. 1.5) und in Rückenlage ausgebunden. Die Bauchseite des Meerschweinchens wird vom Brustkorb ab rasiert und mit 40%igem Isopropylalkohol desinfiziert. Die Eröffnung der Bauchhöhle erfolgt mittels eines Schnittes in die *Linea alba* nach Durchtrennung der Haut und muß so groß erfolgen, daß die Blase vorgelagert werden kann. Der oder die Blasensteine werden nun ertastet, um die erforderliche Größe der Blaseneröffnung abschätzen zu können. Der Stein wird mittels Daumen und Zeigefinger gegen die Blasenwand im Bereich des *Fundus* gedrückt und dient dem Skalpell als Unterlage. Die Eröffnung der Blase hat gerade so weit zu erfolgen, daß der oder die Steine problemlos aus der Blase entnommen werden können. Anschließend ist die Blase gründlich mit Ringerlösung zu spülen. Hierbei ist darauf zu achten, daß die Ringerlösung körperwarm ist, um eine zu starke Auskühlung des Tieres zu verhindern. Danach wird die Blase mit einer Doppelnaht verschlossen und auf Dichte geprüft. Der Verschluß der Bauchhöhle erfolgt in der üblichen Form. Nach einer Sulfonamidversorgung (100 mg/kg Körpergewicht

s. c.) wird das Meerschweinchen bis zum vollständigen Erwachen unter einer Rotlichtlampe oder im Wärmebett gehalten.

1.6.6 Erkrankung der Geschlechtsorgane

■ Ovarialzyste

Bei den Krankheiten der Geschlechtsorgane des Meerschweinchens spielen klinisch die Ovarialzysten die größte Rolle. Bei über 80 % der sezierten weiblichen Meerschweinchen werden solche Ovarialzysten angetroffen. Im allgemeinen bleiben sie ohne klinisches Erscheinungsbild, es kann jedoch zu einem symmetrischen Haarausfall in den Flanken kommen, der durch hormonelle Veränderungen durch die zystisch veränderten Eierstöcke hervorgerufen wird. Oft lassen sich die taubeneigroßen Zysten erfühlen. Eine Therapie ist nur dann erforderlich, wenn die Ovarialzysten ein klinisches Krankheitsbild hervorrufen (z. B. den angegebenen Haarausfall) oder so groß werden, daß sie andere Organe durch ihre Ausdehnung beeinträchtigen. Da sich die Zysten nicht durch Medikamente zurückbilden lassen, ist meist die Kastration des Meerschweinchens angezeigt. Hierfür wird das Tier narkotisiert, wie im Kapitel 1.5 Narkose beschrieben. Das Meerschweinchen wird in die Rückenlage gebracht und durch einen Schnitt in die Linea alba im Bereich des Nabels kastriert. Um den Schnitt klein zu halten, empfiehlt sich die vorherige Entleerung der Ovarialzyste durch Punktion. Der Eierstock kann dann leichter mit dem Haken vorgelagert und abgesetzt werden.

Eine weitere Therapiemöglichkeit bei auftretenden hormonellen Alopezien besteht in der Gabe von 10 mg Chlormadinonacetat. Diese Injektion ist alle 5–6 Monate zu wiederholen.

■ Geburtsstörungen

Geburtsstörungen sind beim Meerschweinchen selten, ausgenommen bei zu großen Früchten oder zu frühem Zuchteinsatz des weiblichen Tieres. Die Diagnose kann mit Hilfe einer Röntgenaufnahme gestellt werden. Für eine Therapie ist es jedoch in den meisten Fällen zu spät. Die Meerschweinchen werden erst in der Praxis vorgestellt, wenn sie bereits sehr hinfällig geworden sind; die Aussicht, daß sie einen Kaiserschnitt überleben, ist in solchen Fällen sehr gering. Meist ist bereits blutig brauner Ausfluß aus der Scheide zu beobachten. Die Tiere sind bereits so geschwächt, daß sie innerhalb von 48 Stunden sterben.

■ Trächtigkeitstoxikose

Bei trächtigen Meerschweinchen mit einer unvollkommenen Futterzusammenstellung und mangelhafter Nährstoffzufuhr kommt es in den letzten Tagen vor der Geburt — oder auch kurz danach — zu einer Trächtigkeitstoxikose. Die Tiere liegen plötzlich apathisch auf der Seite. Auch hier tritt der Tod meist innerhalb von 24 Stunden ein. Diagnostisch lassen sich im Harn Protein und Ketonkörper nachweisen, der ph-Wert des Urins liegt zwischen 5 und 6. Therapien kommen meist zu spät, Injektionen von Glukose und Kalzium können vom Organismus nicht mehr aufgenommen werden. Vorbeugend ist ein nährstoffreiches Futter während der Schwangerschaft angebracht. Die Trächtigkeitstoxikose tritt fast immer bei sehr großen Früchten oder großen Würfen auf.

■ Kastration des männlichen Meerschweinchens

Nachdem das Meerschweinchen eine Injektionsnarkose (vgl. Kap. 1.5) erhalten hat, wird es in Rückenlage auf dem Operationstisch ausgebunden; das Operationsfeld wird rasiert und desinfiziert. Das männliche Meerschweinchen kann seine Hoden durch den sehr weiten Anulus vaginalis in die Bauchhöhle verlagern, so daß in manchen Fällen Druck auf die Bauchhöhle in kaudaler Richtung erfolgen muß, um die Hoden vorzulagern. Es erfolgt ein etwa 2 cm langer Hautschnitt in der Mitte des Skrotums parallel zur Medianen. Jetzt lassen sich Hoden, Nebenhoden und Fettkörper vorlagern. Nach der Loslösung von Hoden, Nebenhoden und Fettkörper wird mit dünnem Catgut eine Ligatur angelegt, wobei darauf zu achten ist, daß auch der *Prozessus vaginalis* mit in die Ligatur einzubeziehen ist, um

Vorfälle von Darm und Fettgewebe zu verhindern. Eine Hautnaht sollte nicht erfolgen. Von der Benutzung antibiotischer Puder wird abgeraten. Die Tiere dürfen jedoch während der nächsten 48 Stunden nicht auf Sägemehl gehalten werden. Statt dessen sollte Zeitungspapier oder besser das Papier von »Küchenrollen« als Unterlage dienen.

1.6.7 Erkrankungen der Sinnesorgane und des Nervensystems

■ Auge

□ Bindehautentzündung

Geröteten Lidbindehäuten bei gleichzeitig klarem Tränenfluß und eitrigem Augenausfluß begegnet man bei sehr vielen Infektionskrankheiten des Meerschweinchens. Diese Conjunctivitiden gehören zum klinischen Erscheinungsbild und die Therapie mit antibiotischen Augensalben ist daher nur symptomatisch. Hier ist therapeutisch vorrangig, die Ursache der Haupterkrankung abzustellen, die Conjunctivitis wird dann zurückgehen. Bei starkem Tränenfluß ist von Bedeutung, daß die verwendete Augensalbe nicht nur ein- oder zweimal täglich ins Auge eingebracht wird, sondern alle 1–2 Stunden, da die starke Tränenflüssigkeitsproduktion die Augensalbe sehr schnell wieder aus dem Auge herausschwemmt.

Einseitige Bindehautentzündungen sind sehr häufig Bindehautentzündungen sui generis. Die Therapie besteht auch hier in häufiger Applikation antibiotischer Augentropfen oder Salbe. Bei Vorliegen einer einseitigen Bindehautentzündung sollte in jedem Fall das Auge mit einem Tropfen Fluorescinlösung beträufelt werden (Fluorescin Na. 0,5, Aqua dest. ad 10,0), um das Vorliegen einer Hornhautverletzung auszuschließen. Eine Hornhautverletzung wird nach dem Einbringen eines Tropfen Fluorescinlösung durch Grünfärbung signalisiert.

□ Keratitis

Verletzungen der Hornhaut ziehen sich Meerschweinchen durch Heu, Stroh oder Äste zu. Die Tiere werden häufig erst dann in der Praxis vorgestellt, wenn sich die Hornhaut zu trüben begonnen hat. Umfang und Ausmaß der Hornhautverletzung werden mit Hilfe der Fluorescinlösung ermittelt. Die Therapie besteht in antibiotischen Augentropfen sowie Regepithel® Augentropfen. Beide Augenmedikamente werden abwechselnd alle 2 Stunden auf den Augapfel geträufelt. Unterstützend können zum Aufklaren der Hornhaut glukosehaltige Augensalben verwendet werden. Wegen der Gefahr einer Hornhautperforation sind cortisonhaltige Augensalben bei Hornhautverletzungen kontraindiziert.

■ Ohr

□ Otitis externa

Durch Fremdkörper, starke Verschmutzung oder durch Eindringen von Wasser kann eine Gehörgangsentzündung entstehen. Ein bräunliches Exsudat wird durch Kopfschütteln aus dem Gehörgang herausgeschleudert. Die Tiere kratzen sich am Ohr und reiben mit dem Kopf über den Boden. In schweren Fällen halten sie den Kopf schief. Bei der *Otitis purulenta* läuft der Eiter aus dem Gehörgang und bedingt eine Entzündung der umgebenden Haut. Die Therapie besteht in der gründlichen Säuberung des befallenen Gehörgangs mit einem Watteträger. Hierbei dürfen jedoch auf keinen Fall alkoholhaltige Lösungsmittel, die als sog. »Ohrreinigungsmedikamente« im Handel erhältlich sind, verwendet werden, um das Gehörgangsepithel nicht noch mehr zu schädigen. Nach gründlicher Säuberung des Gehörganges wird dieser mit Lebertran-Zinksalbe behandelt. Die Behandlung ist nach 48 Stunden zu wiederholen.

Durch Staphylokokken und Streptokokken kommt es zur *Otitis media* und *Otitis interna.* Hierbei zeigen die Tiere eine Schiefhaltung des Kopfes und unkoordinierte Bewegungen durch Schäden am Gleichgewichtssinn im Innenohr. Die Therapie besteht in der Injektion von Antibiotika (Dosierung s. Kap. 7.2).

Bißverletzungen an den Ohrmuscheln sind häufig ein Zeichen dafür, daß zu viele Tiere auf zu wenig Raum gehalten werden (Overcrowding). Bei den Rangkämpfen der Tiere untereinander werden sehr oft die Ohren in Mitleidenschaft gezogen, da sie dünnhäutig sind, vom Körper abstehen und somit zum Hineinbeißen geradezu einladen. Neben der üblichen Wundversorgung ist in einem solchen Fall der Bestand der Tiere zu verringern, oder die unverträglichen Tiere sind zu trennen.

■ Nervensystem

□ Torticollis

Beim Meerschweinchen werden Erkrankungen des zentralen Nervensystems beobachtet, die mit Torticollis, Kopfschiefhaltung und Bewegungsstörungen (Kreisdrehen) verbunden sind. Eine erfolgversprechende Therapie ist nicht bekannt. Es kann jedoch versucht werden, durch Injektionen von Vitamin B 12 und der 3 × tägl. Gabe von 3 Tropfen Nehydrin® einen Therapieerfolg zu erzielen. In jedem Fall ist bei Bewegungsstörungen und bei Bewegungskoordinationsstörungen sowie Kopfschiefhaltung immer auch an eine Otitis zu denken. Daher ist besonderes Gewicht auf die Untersuchung der Ohren zu legen.

□ Meerschweinchenpest, Lähme

Diese virusbedingte Erkrankung des Rükkenmarks und Gehirns wird nach einer Inkubationszeit von 8–22 Tagen klinisch erkennbar. Die Meerschweinchen zeigen Bewegungsstörungen, schleppende Nachhand, die bis zur vollständigen Lähmung der Hinterhand führen kann. Auch Krämpfe treten auf, die Tiere sind sehr geschwächt. Es kommt zu Kotansammlungen in den Perinealtaschen, die die Tiere vor Schwäche nicht mehr leeren können. Die Tiere sterben etwa 10 Tage nach Auftreten der ersten Symptome. Eine Therapie ist unbekannt, Heilungsaussichten bestehen nicht. Erkrankte Tiere sollten daher eingeschläfert werden.

1.6.8 Weitere Erkrankungen

■ Stoffwechselerkrankungen

Sehr viele Stoffwechselkrankheiten des Meerschweinchens werden durch ernährungsbedingte Mangelzustände hervorgerufen. Hier ist die Vitamin-C-Hypovitaminose hervorzuheben, die sich durch Lähmungserscheinungen, verdickte Gelenke, Blutungen in der Muskulatur, Bewegungsunlust und Tod klinisch zeigt. Therapie- und Vorbeugemaßnahmen bestehen hier in einer ausreichenden Vitamin-C-haltigen Fütterung, wie gekeimtem Getreide, frischem Gras und Grünfutter sowie der Gabe von Ascorbinsäure über das Trinkwasser (100 mg pro 100 ml Wasser). Eine weitere alimentäre Erkrankung ist die Soft Tissue Calcification, die sowohl durch eine Veränderung im Phosphor-Calcium-Gleichgewicht (1 : 2) hervorgerufen werden kann, als auch durch eine D-Hypervitaminose. Bei dieser Erkrankung, die in der Mehrzahl männliche Tiere befällt, sind die Befunde häufig Zufallsbefunde bei Sektionen. Klinisch tritt die Erkrankung selten in Erscheinung. Eine ausreichende Fütterung mit Heu soll das Auftreten dieser Organverkalkung, bei der Kalkablagerungen im Magen, im Darm und in der Leber gefunden werden, verhindern. Die Literatur nennt weitere ernährungsbedingte Stoffwechselstörungen. Es ist wichtig, daß bei der Anamnese die Ernährungsgewohnheiten genau erfragt werden, um hier prophylaktisch auf eine Änderung der Futterzusammensetzung hinweisen zu können. Fehler in der Ernährung sind sehr häufig Wegbereiter für Infektionserkrankungen und Erkrankungen parasitärer Natur. Die Bedeutung einer ausgewogenen Ernährung des Meerschweinchens kann nicht deutlich genug betont werden.

■ Leukose

Auch beim Meerschweinchen ist die virusbedingte, durch Oncornaviren hervorgerufene Leukose bekannt. Die Leukozytenzahlen steigen auf bis zu 250 000 Leukozyten pro mm^3. Die Lymphknoten schwellen an. Eine Therapie ist unbekannt, Heilungsaussichten bestehen nicht.

1.7 Literatur

BECKER, W., & W. MENK, 1984: Zoonosenfibel, 2. Aufl. Berlin: Hildegard Hofmann.

BERGMANN, E. N., A. F. SELLERS, & F. A. SPURRELL, 1960: Metabolism of C^{14}-labeled acetone and palmitate in fasted pregnant and non-pregnant guinea-pigs. Amer. J. Physiol. **198,** 1087–1093.

BJORNBERG, A., & L. GIP, 1967: The Guinea Pig as a domestic animal — a source of infection in dermatomycoses. Rev. med. vet. Mycol. **6,** 75.

BOCH, J., & R. SUPPERER, 1983: Veterinärmedizinische Parasitologie. 3. Aufl. Berlin, Hamburg: Paul Parey.

BOEKE, R., 1963: Untersuchungen zum Harnstoffwechsel bei kleinen Laboratoriumstieren. Diss. Tierärztl. Hochschule Hannover.

BOSSE, K., 1968: Die Hauterkrankungen des Meerschweinchens unter Berücksichtigung der Anthropozoonosen. Z. Versuchstierk. **10,** 62—74.

BRAND, H.-P., 1972: Goldhamster, Meerschweinchen und andere Liebhabertiere in der Allgemeinpraxis. Prakt. Tierarzt **53,** 539—542.

BRETER, M., 1975: Behandlung von Verdauungsstörungen bei Meerschweinchen, Kleintierpraxis **20,** 221—225.

BÜTTNER, D., & F. WOLLNIK, 1982: Bewegungsaktivität unter Licht-Dunkelwechsel, Dauerdunkel und Dauerlicht. Z. Säugetierkunde **47,** 370—380.

BUNTE, R. M., 1981: Selected Diseases of Guinea Pigs, Armed Force Institute of Pathology, JAVMA **175,** Nr. 9, 1—11.

CANNEL, H., 1972: Pentobarbitone Sodium Anaesthesia for Oral and Immunological Anaesthetic for the Guinea Pig. Lab. Animals **6,** 55—60.

CLIFFORD, D. R., 1973: What the practising veterinary surgeon should know about Guinea Pigs. Vet. Med./SAC **68,** 678—685.

COCHERELL, G. L., D. M. DOUGLAS, W. L. KRIEDEMANN & R. PEREZ, 1979: Necessity for End Colostomy with Transection of the Descending Colon in Guinea Pigs, JAVMA **175,** Nr. 9, 954—956.

COOK, J. E., 1958: Salivary gland virus disease of guinea pig. J. Nat. Cancer Inst. **20,** 905—909.

Cooper, G., & A. L. SCHILLER, 1976: Anatomy of the Guinea-pig. London, Cambridge: Harvard Univ. Press.

COWIE, A. F., 1976/1979: A manual of the care and treatment of children's and exotic pets. Brit. small Animal Vet. Ass.

EDIGER, R. D., & M. M. RABSTEIN, 1968: Spontaneous Leukemia in a Hartley Strain Guinea Pig, JA. V. M. M. A. **153,** Nr. 7, 954—956.

EDWARDS, M. J., 1969: Hyperthermia and congenital malformations in guinea pigs. Austr. Vet. J. **45,** 189—193.

ELVIDGE, H., 1973: Hair loss in guinea-pigs. J. Inst. Anim. Tech. **24,** 73—75.

FARRAR, W. E., & T. H. KENT, 1965: Enteritis and coliform bacteriemia in guinea pigs given penicillin. Amer. J. Pathol. **47,** 629—642.

FOX, J. P., et al., 1984: Laboratory animal medicine. Orlando: Academic press.

FRASER, T., & R. E. ASCOLL, 1970: The castration of guinea pigs. J. Inst. Anim. Techns. **21,** 21—24.

GABRISCH, K., & P. ZWART, 1985: Krankheiten der Heimtiere. Hannover: Schlütersche Verlagsanstalt.

GENTLES, J. C., 1958: Experimental ringworm in guinea pigs. Oral treatment with griseofulvin. Nature **182,** 476—477.

GILROY, B. A., & J. S. VARGA, 1980: Use of Ketamin-Diazepam and Ketamin-Xylazine Combinations in Guinea Pigs. VM/SAC **75,** 508—512.

GLEISER, C. A., et al., 1974: A guide to infections diseases of guinea pigs, gerbils, hamsters, and rabbits. Committee on laboratory animal diseases. Washington: National Academy of Science.

GREEN, R. H., 1974: The association of viral activation with penicillin toxicity in guinea-pigs and hamsters. Yale J. Boil. Med. **3,** 166—181.

GRICE, A. C., 1964: Methods for obtaining blood and for intravenous injections in laboratory animals. Lab. Anim. Care **14,** 483—493.

GUPTA, N. N., 1970: Mastitis in guinea pigs. Amer. J. Vet. **31,** 1703—1707.

GUETTNER, J., 1979: Einführung in die Versuchstierkunde. Bd. 3, Versuchstierkrankheiten, Jena: G. Fischer.

HAFEZ, E. S. E., 1970: Reproduction and breeding techniques for laboratory animals. Philadelphia: Lea & Feabiger.

HAGEN, P., & K. W. ROBINSON, 1953: The production and adsorption fatty acids in the intestine of the guinea-pig. Austr. J. exp. Biol. med. Sci. **31,** 29—104.

HAMRE, D. M., et al., 1943: The toxicity of penicillin as prepared for clinical use. Amer. J. med. Sci. **206,** 642—652.

Haughton, L. J., & P. Minkin, 1966: Some aspects of pseudotuberculosis among a small colony of guinea pigs. J. Inst. Anim. Techns. **17,** 37—40.

Heimann, W., & I. Kunstyr, 1976: Krankheitsspektrum beim Meerschweinchen aus pathologisch-anatomischer Sicht. In: Arch. Tierärztl. Fort. Heft 4. Hannover: Schlütersche Verlagsanstalt.

Hernderson, J. D., 1976: Cervical Lamphadenitis in the guinea pig, VM/SAC Exotic species, S. 462—463.

Hill, A., 1971: The isolation of two further species of mycoplasma from guinea pigs. Vet. Rec. **89,** 225.

Hill, A., 1974: Isolation of *Acholeplasma yaidlawii* from guinea pig, The Veterinary Record, S. 385.

Hill, A., D. K. Blackmore, & R. A. Francis, 1969: The isolation of mycoplasmas from guinea pigs. Vet. Rec. **85,** 291—292.

Hoar, R. M., 1964: The use of methofane (Methoxyflurane) anaesthetic in guinea pigs. Allied. Vet. **36,** 131—134.

Hoar, R. M., 1969: Anaesthesia in the Guinea Pig. Fed. Proceed. **28,** 1517—1521.

Isenbügel, E., 1983: Diagnose und Therapie von Kleinsäugererkrankungen. Verh. Ber. Schweiz. Vereinig. f. Kleint. Medizin **91**.

Isenbügel, E., & W. Frank, 1985: Heimtierkrankheiten. Stuttgart: E. Ulmer.

Juhr, N. C., & H. H. Hiller, 1973: Infektionen und Infektionskrankheiten bei Laboratoriumstieren. Versuchstierkunde H. 2. Berlin, Hamburg: Paul Parey.

Jungblut, C. W., & S. R. Opler, 1967: In-vitro adsorption of cavian leukemia virus on blood cells. Am. J. Pathol. **51,** 1161—1166.

Jungblut, C. W., & S. R. Opler, 1967: On the pathogenesis of caivan leukemia. Am. J. Pathol. **51,** 1153—1160.

Kazda, J. J., et al., 1967: Inclusion conjunctivitis in the guinea pig. Am. J. Ophthal. **64,** 116—124.

Kitchen, D. N., W. W. Carlton & A. A. Bickford, 1975: A report of fourteen spontaneous tumors of the guinea pig. Lab. Anim. Sci. **25,** 92—102.

Kuenkel, P., & I. Kuenkel, 1964: Beiträge zur Ethologie des Hausmeerschweinchens. Z. Tierpsychol. **21,** 602—641.

Kunstyr, I., & T. Matthiesen, 1973: Two forms of streptococcal infection (serological group C) in guinea pigs. Z. Versuchstierk. **15,** 348—357.

Kunstyr, I., & W. Heimann, 1976: Necropsy and microbiological findings in experimental guinea-pigs over a five year period. Guinea-pig Letter **10,** 19—23.

Kunstyr, I., & T. Matthiesen, 1976: Trichophytie beim Meerschweinchen. Tierärztl. Prax. **4,** 107—114.

Kunstyr, I., W. Heimann & K. Gärtner, 1977: Meerschweinchen als Liebhabertiere und Patienten. Tierärztl. Prax. **5,** 99—113.

Kunstyr, I., & K. T. Friedhoff, 1980: Parasitic and mycotic infections in laboratory animals. In: Spiegel, A., et al., Animal quality and models in biomedical research. 7th ICLAS Symp. Utrecht 1979. Stuttgart: G. Fischer.

Kunz, L. L., & G. M. Hutton, 1971: Diseases of the laboratory guinea pig. Veterinary scope **16,** 12—20.

Loechelt, F., 1977: Die wichtigsten Erkrankungen des Meerschweinchens. Tierärztl. Umsch. **9,** 460—464.

Maess, J., & I. Kunstyr, 1981: Diagnose und Bekämpfung häufiger Parasiten bei kleinen Versuchstieren. Tierärztl. Prax. **9,** 259—264.

Matthiesen, T., et al., 1976: Histologische und biochemische Untersuchungen zur postnatalen Entwicklung der Leber beim Meerschweinchen. Exp. Path. **12,** 194—202.

Meyer, G., 1978: Zahnanomalien bei Meerschweinchen. Kleintierpraxis **23,** 81—82.

Rechkemmer, G., und W. v. Engelhardt, 1981: Eine kombinierte Injektions- und Inhalationsanästhesiemethode für Meerschweinchen. DTW **88,** 394—396.

Reinhardt, V., 1970: Soziale Verhaltensweisen und soziale Rolle des Hausmeerschweinchens. Diss. Tierärztl. Hochschule München.

Ribbeck, R., H. Schumann & V. Bergmann, 1975: Calliphoridenlarven als Erreger einer Myiasis bei Meerschweinchen. Mh. vet. med. **30,** 584—587.

Richtarik, A., T. A. Woolsey & E. Valvidia, 1965: Method for recording ECG's in unanaesthetizes guinea pigs. J. Appl. Physiol. **20,** 1091—1093.

Rigby, C., 1976: Natural infections of guinea-pigs. Lab. Anim. **10,** 119—141.

Rommel, M., 1981: Parasitoses of rabbits and guinea pigs. Prakt. Tierarzt **62,** 68—72.

Rubright, W. C., & C. B. Thayer, 1963: The use of innovarvet as a surgical anaesthetic for guinea pig. Ann. N. Y. Acad. Sci. **104,** 787—798.

Schmidt, G., 1958: Die Viruskrankheiten des Meerschweinchens. Bösingfeld-Waldfrieden: Forschungsstation für Tierernährung.

Schmidt, G., 1973 a: Meerschweinchen, Lehrmeister Bücherei Nr. 698. A. Philler: Minden.

SCHMIDT, G., 1973 b: Kleinsäuger. Stuttgart: E. Ulmer.

SEBESTENY, A., 1976: Diseases of guinea-pigs. Vet. Rec. **98,** 418—423.

SHAW, H. M., & T. J. HEATH, 1974: Regulation of bile formation in rabbits and guinea-pigs. Quart. J. exp. Physiol. **59,** 92—102.

SINHA, D. P., & S. D. SLEIGHT, 1968: Bilateral Pyosalpinx in an Guinea Pig. J. A. V. M. A. **153,** Nr. 7, 830.

SPARROW, S., 1980: Diseases of pet rodents. J. small. Anim. Pract. **21,** 1—16.

SPARSCHU, G. L., & R. J. CHRISTIE, 1968: Metastatic calsification in a guinea-pig colony: a pathological survey. Lab. Anim. Care **18,** 520—521.

STROJYNOV, D. P., & J. L. OVETANOV, 1964: Über die Klossiellose bei Meerschweinchen. Sofia: Forschungsinstitut f. Epidemiologie und Mikrobiologie.

STUPPY, D. E., P. R. DOUGLASS & P. I. DOUGLASS, 1979: Urolithiasis and Cystotomy in guinea pig *(Cavia pocellanus).* VM/SAC 74, 565—567.

THOMASSON, B. H., O. RUUSKANEN & J. MERIKANTO, 1974: Spinal anaesthesia in the guinea-pig. Lab. Anim. **8,** 241—244.

TOBER-MEYER, B., 1977: Vorschläge zur Narkose bei Kaninchen, Meerschweinchen und kleinen Nagern, Kleintierpraxis **22,** 335—346.

TOWNSEND, G. H., 1975: Guinea Pig — general husbandry and nutrition. Vet. Rec. **96,** 451—454.

TUCH, E., & K. TUCH, 1979: Trichofolliculum bei Meerschweinchen. Kleintierpraxis **24,** 237—238.

VALIEJA-FREIRE, A., 1951: A simple technique for repeated collection of blood samples from guinea pig. Science **114,** 524—525.

WAGNER, J., 1972: Symposium on diseases of the guinea pig. American College of Laboratory animal medicine; 109th Annual meeting AVMA New Orleans.

WAGNER, J. E., & P. J. MANNING, 1976: The Biology of the Guinea Pig. New York, London: Acad. Press.

WARD, G. S., D. O. JOHNSON & T. KOVATCH, 1977: Myopathie in Guinea Pigs, JAVMA **171,** 837—838.

WEIR, B. J., 1970: The management and breeding of some more hystricomorph rodents. Lab. anim. **4,** 83—97.

WEIR, B. J., 1974: Notes on the origin of the domestic guinea pig. In: I. W. ROWLANDS and B. J. WEIR: The Biology of Hystricomorph Rodents. London: Acad. Press.

WISSDORF, H., & B. SCHAEFER, 1977: Anatomische Grundlagen und Operationsbeschreibung einer modifizierten Kastrationsmethode beim Meerschweinchen. Kleintierpraxis **23,** 41—44.

WOERLE, R., & G. WOLF, 1977: *Cavia aperea procellus.* Das Hausmeerschweinchen. Eine Präparationsanleitung. Stuttgart: G. Fischer.

WOOD, G. N., & N. MCLEOD, 1967: Control of Acute *Bordetella chiseptica* Pneumonia in a Guinea Pig Colony. Lab. Anim. **1,** 91—94.

ZACKHEIM, H. S. & L. LANGS, 1969: Alopecia in guinea pigs. J. Am. vet. med. Ass. **155,** 1252.

ZWART, P., M. H. v. D. HAGE, J. W. M. A. MULLINK & J. E. COOPER, 1981: Cutaneous tumors in the guinea pig. Lab. Anim. **15,** 375—377.

2 Kaninchen

2.1 Allgemeines und Biologie

Das Kaninchen wird noch nicht lange als Haustier gehalten. Es stammt aus Südwesteuropa und war ursprünglich in Spanien heimisch. Römische Soldaten brachten es von dort nach Italien, von wo es sich über weite Gebiete der Welt verbreitete. Die Römer hielten wegen des schmackhaften Fleisches Hasen in sogenannten Hasengehegen, den *Leporarien.* Da Feldhasen in Gefangenschaft sehr schlecht zu halten sind und kümmern oder sterben, waren sie froh, die Hasen durch die von Spanienfeldzügen mitgebrachten Kaninchen ersetzen zu können. In den Leporarien wurde keine regelrechte Zucht betrieben, sondern die Tiere vermehrten sich, wie es ihnen gefiel, was die in Gefangenschaft gehaltenen Hasen kaum taten. Da die Kaninchen Höhlenbewohner sind, war es erforderlich, für Zähmung und systematische Züchtung neue Haltungsbedingungen zu entwickeln. Die Tiere wurden erstmals von Mönchen in Südfrankreich in Käfigen gehalten. Die Mönche waren sehr erfinderisch in der Bereicherung des Speisezettels während der langen und harten Fastenperioden. Da Kaninchenembryonen und frisch geborene Jungtiere nicht als Fleischkost galten, waren diese bei den Mönchen beliebt. Über die Klöster fanden die Kaninchen im Mittelalter weitere Verbreitung, so daß man im 16. Jahrhundert bereits verschiedene Rassen und Schläge kannte. Bergarbeiterfamilien züchteten im Elsaß und in Lothringen sehr großwüchsige Kaninchen, um ihre großen Familien satt zu bekommen. Im 18. Jahrhundert gab es in Preußen bereits Marktbestimmungen für die Vermarktung von Kaninchenfellen. Während das Kaninchen nach dem 2. Weltkrieg bei uns vorwiegend als Fleischlieferant eine Rolle spielte, hat sich heute die Kaninchenhaltung zur Liebhaberei entwickelt. Die Tiere werden meistens in der Wohnung gehalten. Alle uns bekannten Rassen und Schläge stammen vom Wildkaninchen *(Oryctolagus cuniculus)* ab. Kaninchen und Hasen haben zwar einen gemeinsamen Vorfahren, jedoch sind sie heute genetisch weit voneinander entfernt und lassen sich miteinander nicht kreuzen. Auch das sogenannte Hasenkaninchen entstammt keineswegs einer Kreu-

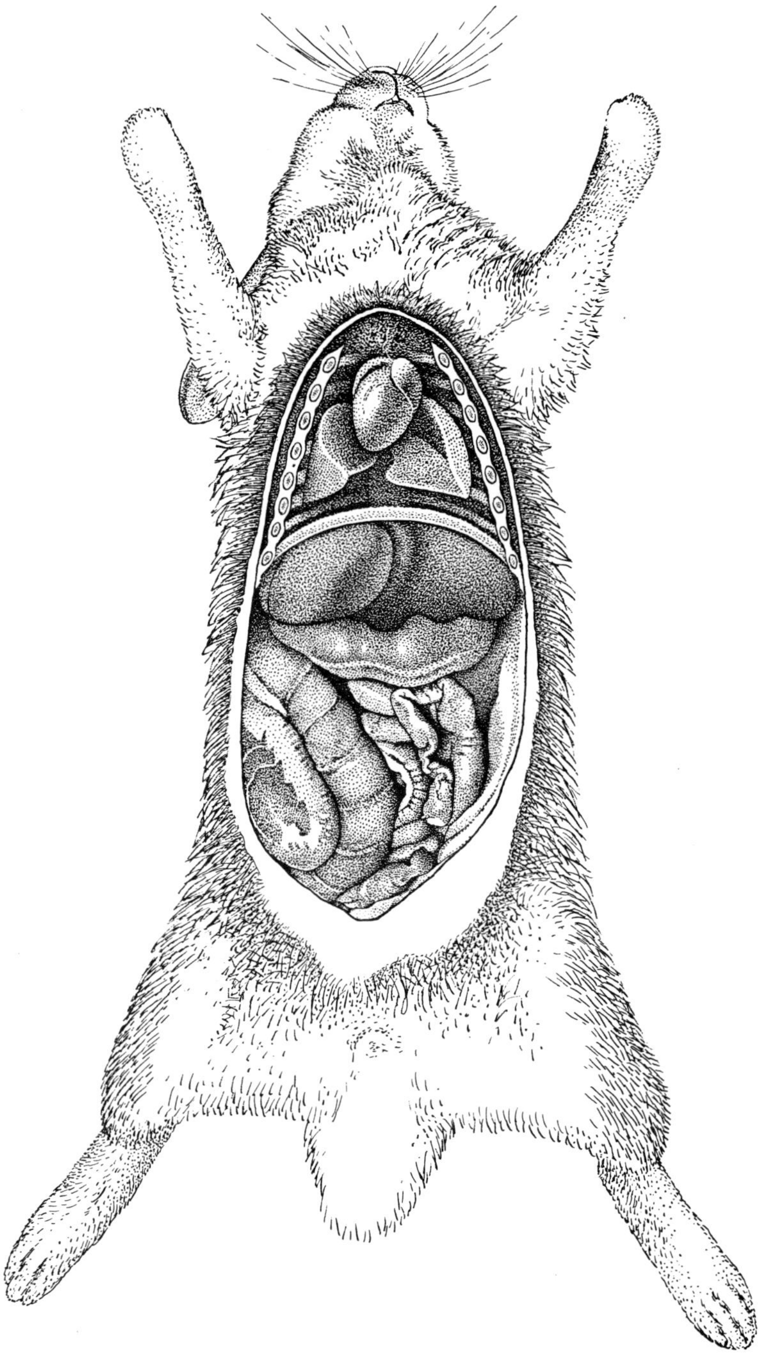

Abb. 6: Situs Kaninchen

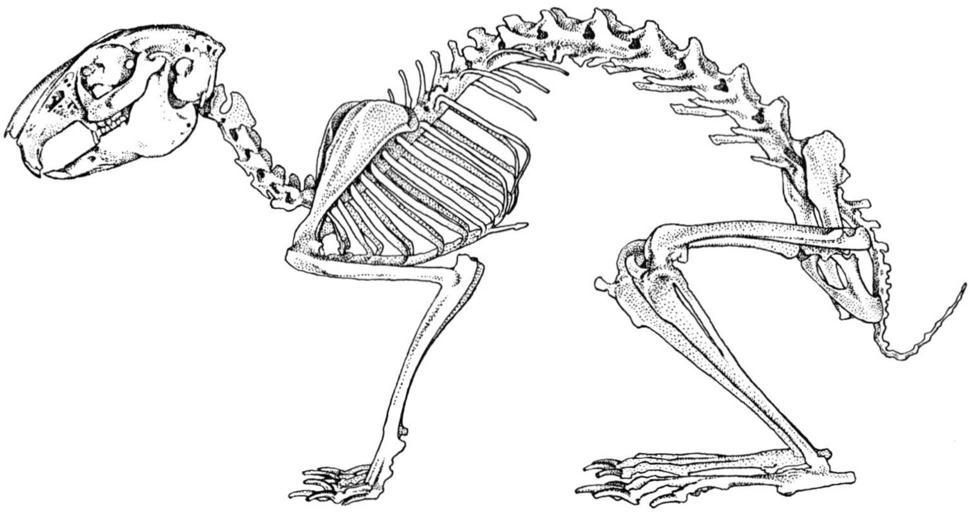

Abb. 7: Skelett Kaninchen

zung aus Hasen und Kaninchen, sondern ist eine Kaninchenrasse.

Von den Kaninchenzuchtverbänden werden heute über 100 Rassen und Farbschläge anerkannt, das Gewicht der Tiere reicht von ½ kg bis zu 8 kg. Auch die in den Zoohandlungen angebotenen Zwerghasen sind keine Hasen, sondern ausschließlich Zwergkaninchen. Eine Domestizierung des Hasen ist bis heute nicht gelungen. Auch das Haarkleid spielt bei der Zuchtauswahl eine große Rolle. So ist z. B. das Angorakaninchen als Lieferant der Angorawolle stärker wegen seines Haarkleides gefragt als wegen seines Fleisches.

Das Wildkaninchen *(Oryctolagus cuniculus)* und der Feldhase *(Lepus europaeus)* gehören zur Familie der Leporiden. Sie gehören in die Ordnung der Lagomorphen, die als besonderes Merkmal zwei kleine Stiftzähne hinter den auffallend großen Schneidezähnen haben.

Kaninchen sind im Gegensatz zum Feldhasen Höhlenbewohner und werfen nackte und blinde Junge, während die Nachkommen des Hasen von Geburt an behaart sind und laufen können, so daß sie als Nestflüchter sofort die Geburtsstätte verlassen können. Kaninchen leben meist in Rudeln, während Hasen einzeln oder paarweise leben. Die Chromosomenzahl der Kaninchen (44) unterscheidet sich von der des Hasen (48). Das Kaninchen besitzt einen sehr großen Blinddarm zur Aufspaltung der Zellulose. Eine tierartliche Besonderheit ist, daß das Kaninchen zur besseren Aufschlüsselung der Nahrung seinen Blinddarmstuhl aufißt. Dies geschieht meistens während der Nacht.

Da das Kaninchen keinen regelmäßigen Sexualzyklus hat und der Eisprung durch den Geschlechtsakt ausgelöst wird, sind Paarung und Befruchtung jederzeit möglich. Dies erklärt die massenhafte Vermehrung der Kaninchen, die stellenweise zur regelrechten Landplage geworden sind. Das Geburtsgewicht der Kaninchen beträgt, abhängig von der Größe der Elterntiere, ca. 100 g. Mit 4–9 Monaten sind die Tiere geschlechtsreif. Die Tragzeit beträgt 28–36 Tage; nach dieser Zeit werfen sie ca. 7 Junge, die nach 10 Tagen die Augen öffnen. Nach ungefähr 50 Tagen können die Tiere von der Mutter abgesetzt werden. Kaninchen werden 5–7 Jahre alt.

2.2 Haltung und Fütterung

■ Haltung

Die Haltung des Kaninchens in der Wohnung erfordert einen Käfig, in dem das Tier wenigstens einen halben Quadratmeter Platz hat. Bei der Haltung von mehreren Tieren ist es sinnvoll, weibliche Tiere zu wählen, da sich männliche Tiere sehr stark bekämpfen und durch Markierung mit Urin geruchsbelästigend sind. Das Kaninchen wird nur zahm, wenn man sich regelmäßig und lange mit ihm beschäftigt. In der Wohnung frei umherlaufende Kaninchen sind nicht immer die Freude ihrer Besitzer, da sie Tapeten und Fußleisten annagen und Strom- und Telefonkabel durchbeißen, was oft zu Unfällen führt. Das Kaninchen wird sehr leicht stubenrein. Eine Kiste mit Katzenstreu nehmen die Tiere gerne an. Da Kaninchen Höhlenbewohner sind, benötigen sie einen Unterschlupf, in dem sie sich verstecken können. Die Tiere lieben Temperaturen um 20 °C, sind jedoch sehr hitzeempfindlich. Im Sommer ist für ausreichende Kühlung des Raumes zu sorgen, da die Tiere leicht einen Hitzschlag erleiden. Eine relative Luftfeuchtigkeit von 50 % ist für das Kaninchen (wie auch für uns Menschen) eine angenehme Umgebung. In geheizten Räumen im Winter ist unsere Luft häufig zu trocken. Verdunster an den Heizungen oder eine gute Bepflanzung schaffen die gewünschte Luftfeuchtigkeit. Im Sommer können die Kaninchen im Garten gehalten werden. Auch hier benötigen die Tiere einen Unterschlupf, der sie vor zu starker Sonneneinstrahlung und vor Regen schützt. Das Gehege muß auf der Rasenfläche von Zeit zu Zeit verstellt werden, damit den Tieren ausreichend Gras zum Abweiden zur Verfügung steht. Das Gehege sollte mit einem Drahtgeflecht von oben geschützt sein, um die Kaninchen vor Hunden und Greifvögeln zu schützen.

Heu, Sägemehl und Stroh sind als Einstreu geeignet. Torfmull verunreinigt sehr schnell, klebt dann an den Tieren und ist daher ungeeignet. Meerschweinchen und Kaninchen lassen sich gut zusammen halten, jedoch sollten nicht mehr als ein oder zwei Kaninchen mit einer Meerschweinchengruppe zusammen gehalten werden. Kaninchen sind sehr scheue und schreck-

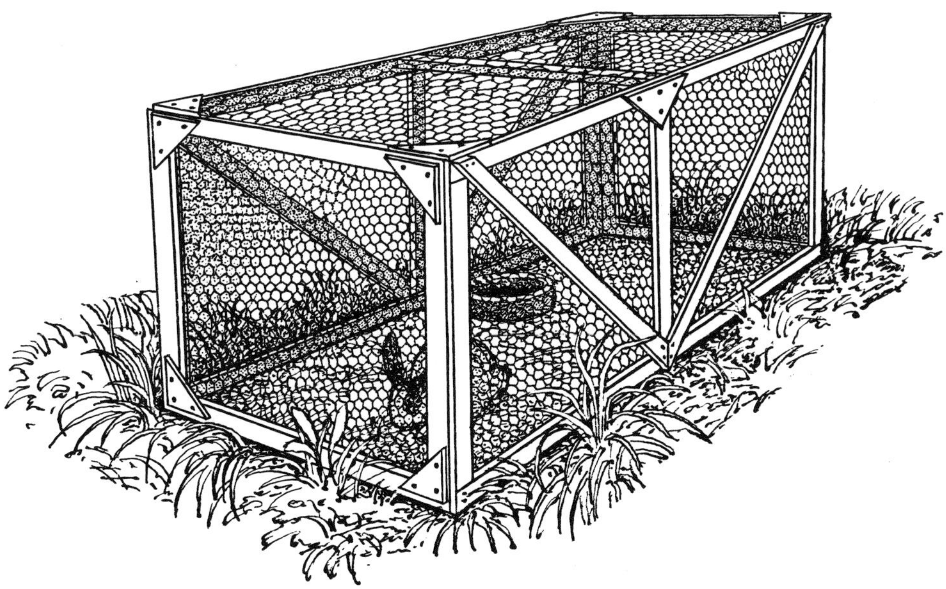

Abb. 8: Im Freien verstellbarer Kaninchenkäfig

hafte Tiere. Im Umgang mit ihnen muß man, besonders während der Eingewöhnungszeit, große Vorsicht walten lassen, da Streßsituationen beim Kaninchen einen Herzschlag auslösen können. Durch ihre plötzlichen Bewegungen sind die Kaninchen auch beim Herausnehmen aus dem Käfig gefährdet. Hierzu greift man sie am besten von hinten am Nackenfell und hebt sie langsam hoch, wobei man die Hinterbeine mit der Hand unterstützt. Vorsicht ist hierbei geboten, da das Kaninchen durch die Abwehrbewegungen eine Wirbelsäulenfraktur davontragen kann.

Sollen viele Kaninchen gehalten werden, ist eine Stallanlage erforderlich. Der Standort ist sorgfältig zu wählen. Die Stallfront darf keineswegs zur Hauptwetterseite ausgerichtet oder während der meisten Zeit des Tages von der prallen Sonne beschienen sein. Die einzelnen Boxen sollten eine Grundfläche von mindestens 50 × 50 cm haben bei einer Höhe von 40 cm. Es ist sinnvoll, die Trennwände herausnehmbar zu gestalten, um bei der Kaninchenzucht der tragenden Häsin eine Doppelbox zur Verfügung stellen zu können. Die Bodenbretter sollten leicht nach vorne geneigt sein, damit der Urin aus den Boxen abfließen kann. Die Bodenbretter sind zu isolieren, um das Durchtropfen von Urin in die darunterliegenden Boxen zu verhindern. Die Frontseiten der einzelnen Boxen werden mit dünnem Maschendraht versehen.

Wer Kaninchen züchten will, sollte die Zuchttiere erst mit einem Mindestalter von 6 Monaten zur Zucht verwenden. Für den Deckakt ist zu beachten, daß stets die Häsin zum Rammler gesetzt wird und nicht umgekehrt, da sonst die Häsin mit heftigen Angriffen ihr Revier verteidigt und es zu Verletzungen des Rammlers kommen kann. Hat der Rammler das weibliche Tier begattet, rutscht er seitlich von der Häsin herunter. Da durch den Deckakt der Einsprung ausgelöst wird, ist eine einzige Bedeckung ausreichend. Die Deckbereitschaft der Häsin erkennt man an der geschwollenen Vulva, die sich rot verfärbt. Nach ca. 31 Tagen wirft das Kaninchen im Durchschnitt 7 Junge. Die Geburt geht meist in den Morgenstunden vonstatten, nachdem das Muttertier ein Nest gebaut hat, zu dessen Bau es auch eigene Haare verwendet.

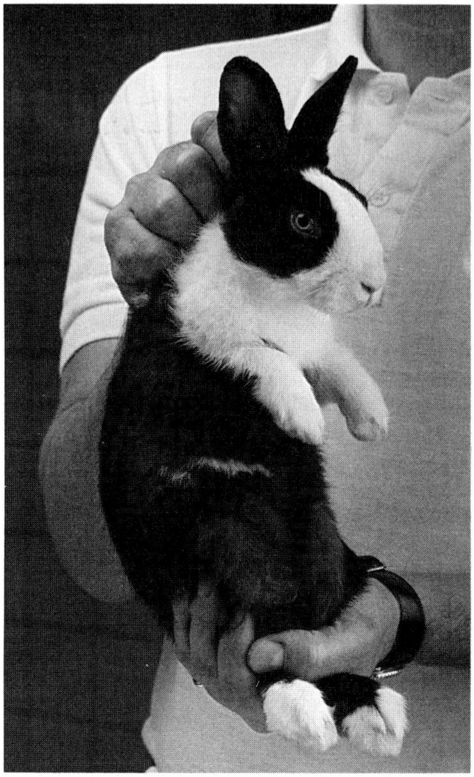

Abb. 9: Richtiges Tragen eines Kaninchens

Der Rammler ist spätestens kurz vor der Geburt aus dem Käfig der Häsin zu entfernen, da Häsinnen, die gemeinsam mit dem Rammler gehalten werden, nicht selten ihren Wurf totbeißen.

Scheinträchtigkeiten können auftreten. Wie bei einer normalen Trächtigkeit zupft sich das Kaninchen gegen Ende der »Trächtigkeits«-Periode Haare aus und beginnt, ein Nest zu bauen. Diese Symptome erfordern keine Therapie.

■ Fütterung

Industriell gefertigtes Kaninchenfutter wird in Pelletform angeboten und ist ein empfehlenswertes Futter. Gleichzeitig muß jedoch dem Kaninchen stets Heu sowie Wasser aus einem Trinkröhrchen in beliebiger Menge zur Verfügung stehen. Es ist nicht richtig, daß Kaninchen nicht trinken dürfen. Eine ausreichende Wassermenge muß stets angeboten werden, auch wenn die Tiere bei Grünfütterung den Hauptflüssigkeitsbedarf über das Grünfutter decken können. Ähnlich wie beim Meerschweinchen sollte auch die Kaninchennahrung bis zu 15 % Rohfaser und 20 % Rohprotein enthalten. Nach der Winterperiode ohne Grünfutter ist im Frühjahr mit der Grünfütterung sehr vorsichtig zu beginnen, da eine zu abrupte Futterumstellung zu starken Gärprozessen mit nachfolgender Tympanie und Ruptur des dünnwandigen Magens führen kann.

Im Gegensatz zum Meerschweinchen ist das Kaninchen in der Lage, Vitamin C zu synthetisieren, ebenso Vitamin K.

2.2.1 Besondere Hinweise

■ Kaninchenmilch und mutterlose Aufzucht von Kaninchen

Der Verlust eines säugenden Kaninchens kann besonders bei wertvollen Jungtieren eine mutterlose Aufzucht der Kaninchen erforderlich machen. Da die Jungtiere bereits während der Trächtigkeit über den mütterlichen Blutkreislauf Antikörper erhalten haben, hat die Cholostralmilch keine große Bedeutung. Diese Tatsache und der Umstand, daß die Fütterung der Saugkaninchen nur einmal täglich erfolgt, ermöglichen gute Ergebnisse bei der mutterlosen Kaninchenaufzucht, wenn einige Besonderheiten beachtet werden. Die Kaninchenmilch (je nach Größe ca. 200 g täglich) unterscheidet sich von der Kuhmilch durch ihren hohen Protein- und Fettgehalt (jeweils 11–14 %). Kaninchenmilch enthält 30 % Trockenmasse und 1,5–2,5 % Lactose. Auf diesen Werten basiert die folgende Rezeptur für Milchaustauscher von Dr. P. Schley:

1. Magermilchpulver, lactosereduziert (Semper, 10 435 Stockholm 23) – auch übliches Magermilchpulver verwendbar — 100 g
2. Molkenprotein 70 N (Meggle Milchindustrie, 8094 Reitmehring) — 60 g
3. Trockenhefe, Torula — 10 g
4. Miglyol 818 (Dynamit Nobel, 5010 Troisdorf-Oberlar) — 90 g
5. Sonnenblumenöl — 18 g
6. Multivit-Lösung (Vormischung 10 g 327/7 pro 1 Liter Wasser) — La Roche — 110 g
7. Vit.-B-Komplex BVK ›Roche‹ — La Roche — 1 ml
8. Kalk ($CaHPO_4$) — 2 g
9. Kalk ($CaCO_3$) — 2 g
10. Mineralstoffgemisch für Kälber (Ramikal, 2 Hamburg) — 3 g
11. Myofer 100 (Hoechst) — 0,02 ml
12. DL-Methionin — 0,4 ml
13. Wasser — 600 g

Vom 1.–14. Lebenstag wird die Milch unverdünnt verabreicht. Ab dem 15. Tag wird 1 : 1 mit einer Milch gemischt, die die Positionen 2, 8, 9 und 10 nicht enthält.

Aus diesen Zutaten kann die Milch im Mixer hergestellt werden. Zum Trinken sind »Liebesperlenfläschchen« nicht zu empfehlen, da die Austrittsöffnung am Sauger zu klein ist. Eine schlitzförmige Öffnung am Sauger ist vorzuziehen. Hierdurch kann beim Saugen mehr Milch austreten. Der Zoofachhandel bietet gesondert angefertigte Kaninchensaugflaschen an.

Die mit einer Fütterung aufgenommene Milchmenge sollte 20 % des Körpergewichts nicht überschreiten. Es sollte auf keinen Fall noch mehr Milch gegeben werden, auch wenn das Tier noch mehr trinken will. Wird mehr Milch aufgenommen als die erwähnten 20 % des Körpergewichts, läßt die Trinklust am folgenden Tag spürbar nach.

■ Eingabe von Medikamenten

Da Kaninchen Medikamente nicht freiwillig aufnehmen, ist es sehr häufig erforderlich, Medizin oral zu applizieren. Hierbei hilft ein Mundhölzchen. Das Mundhölzchen wird horizontal hinter den Schneidezähnen in die Mundhöhle ein- und an der anderen Seite wieder herausgeführt. Dann stellt man das Mundhölzchen auf. Das Kaninchen versucht, auf das Mundhölzchen zu beißen und klemmt es dadurch fest. Durch die Öffnung in der Mitte des Mundhölzchens können nun bequem Medikamente mit einer Knopfkanüle oder einer Sonde eingegeben wer-

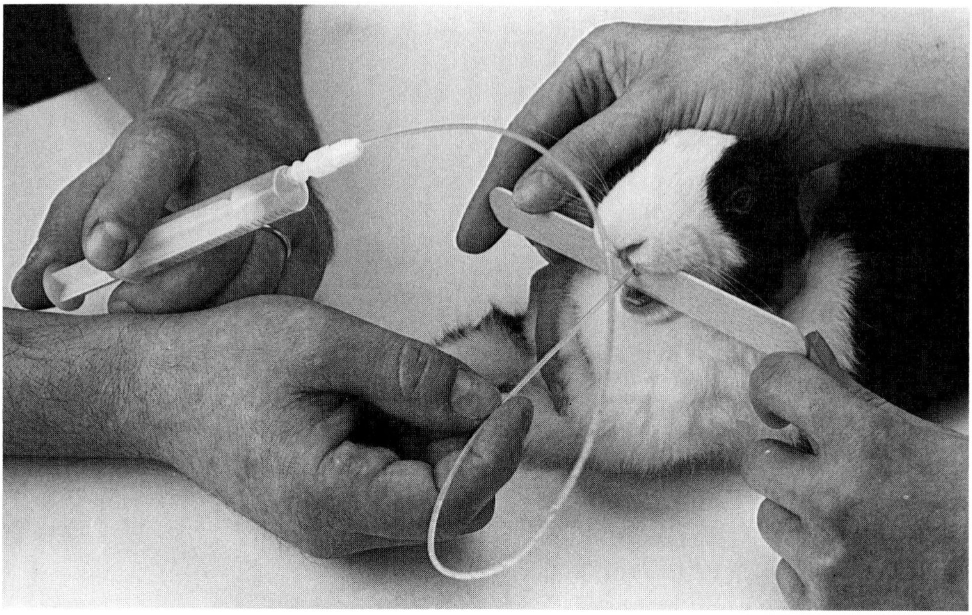

Abb. 10: Die Eingabe von Medikamenten mit dem Mundhölzchen

den. Wichtig ist, daß jeweils nicht mehr als 1 ml eingegeben wird, um dem Kaninchen die Möglichkeit des Abschluckens zu geben und eine Schluckpneumonie zu verhindern.

2.3 Physiologische Daten

Körperinnentemperatur	38,5–39,5 °C
Atemfrequenz	20–50/min
Puls	150–300/min
Geschlechtsreife	4–5 Monate
Tragzeit	28–36 Tage
Wurfgröße	∅ 7
Lebenserwartung	5–7 Jahre
Blutwerte	
Hämoglobin	10–15 gm/dl
Hämatokrit	35–45 %
Erythrozyten	4–7 $10^3/mm^3$
Leukozyten	8–10 $10^3/mm^3$
Differentialblutbild	
Lymphozyten	40–70 %
Monozyten	5–9 %
Neutrophile	38–54 %
Eosinophile	0,5–3,5 %
Basophile	3–6 %
Bilirubin	0,3 mg/dl
Glucose	130 mg/dl
Creatinin	1,6 mg/dl

2.4 Allgemeine und spezielle Untersuchung

Eine Empfehlung für den allgemeinen Untersuchungsgang findet sich im Anhang (Kap. 7.1).

■ Geschlechtsdifferenzierung

Die Geschlechtsbestimmung beim sehr jungen Kaninchen erfordert Erfahrung. Häufig ist es erst nach 3 Tagen, ja sogar nach 6 Wochen möglich, das Geschlecht eindeutig zu bestimmen, wenn man nicht über das erforderliche Wissen verfügt. Beim sehr jungen Kaninchen findet man den Penis als runde Erhabenheit 2 mm unter dem After. Die weibliche Geschlechtsöffnung hat eine eher schlitzartige Öffnung und ist weniger als 2 mm vom After entfernt. Bei Kaninchen, die bereits älter sind — bis zum Lebensalter von 6 Wochen — stülpt man die Schleimhaut der äußeren Geschlechtsorgane vor. Bei den weiblichen Tieren ist es möglich, einen größeren Teil der Schleimhautoberfläche hervorzustülpen. Die ausgestülpte Schleimhautoberfläche zeigt einen v-förmigen Schlitz.

Der Abstand Anus-Geschlechtsöffnung ist vornehmlich bei sehr jungen Tieren für die Geschlechtsbestimmung von Bedeutung. Bei männlichen Tieren ist dieser Abstand größer als bei weiblichen Tieren.

■ Zwangsmaßnahmen

Zwangsmaßnahmen sind beim Kaninchen wegen seiner großen Schreckhaftigkeit und der damit verbundenen Gefährdung durch Herzschlag nicht angebracht. Man nimmt das Kaninchen sehr behutsam am Nackenfell auf, wobei man die Hinterbeine mit der anderen Hand unterstützt. So kann man das Tier eng an die Brust gedrückt transportieren. Dieser Transport muß mit großer Vorsicht erfolgen, da Kaninchen durch explosionsartige Bewegungen versuchen, sich dem Zugriff zu entziehen. Bei diesen heftigen Befreiungsbewegungen kann es sehr leicht geschehen, daß sich das Kaninchen die Wirbelsäule bricht.

Da die Hauptkraft des Kaninchens von der Hinterhand ausgeht, empfiehlt es sich, bei einer Untersuchung oder Behandlung, bei der mit Abwehrbewegungen zu rechnen ist, die Hinterhand des Kaninchens kräftig auf die Unterlage (Tisch) zu drücken. Bei Manipulationen der Mundhöhle ist darauf zu achten, daß die Vorderbeine des Kaninchens von einer Helferin fixiert werden, da es mit den Vorderbeinen Abwehrbewegungen versucht und auf diese Art und Weise Maulspreizer und Werkzeug aus der Mundhöhle herausdrückt.

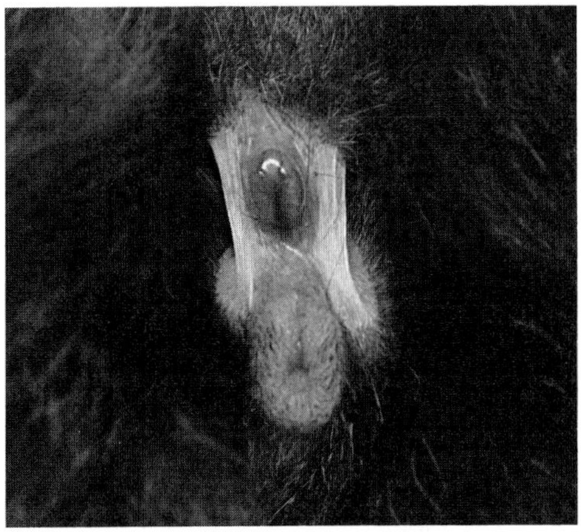

Abb. 11: Scheide beim Kaninchen

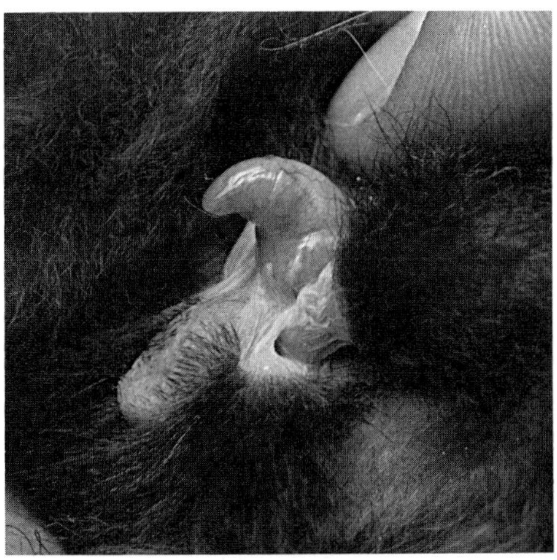

Abb. 12: Penis beim Kaninchen

■ Blutentnahme

Beim Kaninchen läßt sich Blut problemlos aus einer Ohrvene entnehmen. Hierzu staut man mit Daumen und Zeigefinger am Ohrgrund die Ohrmuschel. Mit einer 16-Nadel kann nun aus der gestauten Ohrvene Blut entnommen werden. Diese Vene dient auch zur intravenösen Injektion. Man kann auf diese Art und Weise bis zu 5 ml i. v. injizieren.

Verschiedentlich werden auch weitere Blutentnahmemethoden empfohlen, wie die Entnahme aus dem *Plexus venosus orbitalis* (siehe S. 16). Diese Form der Blutentnahme ist jedoch wesentlich risikoreicher und erfordert mehr Übung. Für die Praxis empfiehlt sich in jedem Fall die Blutentnahme aus der Ohrvene. Bei Blutentnahmen sollte man berücksichtigen, daß die durchschnittliche Menge Blut 5–7 ml pro 100 g Körpergewicht beträgt.

■ Urinuntersuchung

Beim männlichen Kaninchen erhält man den Urin für die Urinuntersuchung mittels eines Katheters. Mit einem Katheter (∅ 1 mm) gelangt man in die Harnröhre und nach Ausübung vorsichtigen Drucks in die Blase. Weiblichen Tieren entnimmt man Urin durch vorsichtiges Ausdrücken der Blase. Auch weibliche Kaninchen lassen sich katheterisieren, jedoch erfordert diese Form der Urinentnahme einige Übung. Das Tier wird auf den Tisch gesetzt, wobei die Hinterbeine über die Tischkante herabhängen. In dieser Lage zieht man die Scheide leicht nach unten und führt senkrecht von unten nach dorsal einen Katheter ein, der über den Ventralrand der Scheide in die Uretra vordringt und nach 12–13 cm die Blase erreicht.

Die Menge des Urins variiert von 20–350 ml pro kg Körpergewicht und ist abhängig vom Futter und der Flüssigkeitsaufnahme, der Umgebungstemperatur und vielen weiteren Faktoren. Die Farbe des Urins ist gelb. Das pH liegt um 8,2. Das spez. Gewicht liegt um 1015. Der Urin ist durch Kristalleinlagerungen trüb und muß daher vor einer chemischen Untersuchung durch einen Filter gegeben werden. Im gesunden Urin finden sich weder Ketonkörper noch Blut, Spuren von Eiweiß und Glukose sind physiologisch. Im Sediment findet man Kristalle in großer Zahl, vor allem Tripelphosphat und Calciumhydrogenkarbonatkristalle. Epithelzellen und Bakterien sind im gesunden Urin nicht anzutreffen. Einzelne Erythrozyten und Leukozyten sind beim gesunden Kaninchen ohne klinische Bedeutung.

■ Kotuntersuchung

Beim Kot unterscheidet man zwei Arten, den dunkleren harten Tageskot und den hellen weicheren Nacht-(Blinddarm-)kot. Die kleinen, schleimbedeckten hellen Kotballen werden sofort aufgenommen und gefressen. Sie stellen die sog. Zykotrophe dar. Diese Zykotrophe versorgt das Kaninchen mit ausreichend Vitamin B, jedoch dürfte dies nicht der einzige Sinn der Aufnahme der Blinddarmpillen sein. Bei Entzug des Blinddarmkots kümmern die Kaninchen. Tiere im Wachstum zeigen starke Entwicklungsstörungen, und es kommt zu vermehrtem Auftreten von Parasitosen. Die Untersuchung auf das Vorliegen einer parasitären Erkrankung erfolgt mit Hilfe des Nativausstrichs. Hierbei wird ein wenig Kot mit physiologischer Kochsalzlösung verrührt und mikroskopisch betrachtet. Eine weitere Untersuchungsmöglichkeit des Kots ist die Anreicherungsmethode mit einer Flüssigkeit aus gesättigter Kochsalzlösung, deren spez. Gewicht 1,2 beträgt. In einem Becherglas werden 3–4 Kaninchenkotballen und etwas gesättigte Kochsalzlösung gut vermischt. Danach wird mit der Kochsalzlösung auf 90 ml aufgefüllt und kräftig gerührt, so daß die Kotpartikel gleichmäßig in der Kochsalzlösung verteilt sind. Nach 5 min legt man vorsichtig ein Deckglas auf die Flüssigkeit. Die in der Kochsalzlösung auftreibenden Wurmeier bleiben an dem Deckglas hängen. Nach 1 Stunde kann das Deckglas vorsichtig mit der Pinzette von der Flüssigkeit abgehoben werden. Unter dem Mikroskop sind die Eier nun bei 10facher Vergrößerung gut zu erkennen.

Ein weiteres Verfahren ist das Sedimentationsverfahren, wobei 5 oder 5 Kaninchenkotballen in einem 100-ml-Becherglas gut mit Wasser gemischt werden, bis sich eine homogene Suspension bildet. Die Suspension wird durch ein Sieb filtriert. Das Filtrat läßt man eine Stunde stehen und gießt danach die überstehende Flüssigkeit ab. Nach einer weiteren Stunde wird erneut abgegossen und der Bodensatz mit einem Glasstab gut vermischt. Einige Tropfen des Bodensatzes werden auf den Objektträger verbracht und mit einem Tropfen 1 %iger Methylenblaulösung vermischt. Das Präparat wird ohne Deckglas unter dem Mikroskop bei 10facher Vergrößerung untersucht. Die Methylenblaulösung färbt die Schmutzpartikel, während sich die Wurmeier gelbbraun darstellen. Eine bakteriologische Untersuchung des Kots läßt sich mit ASS-Agar sowie anschließender Gramfärbung oder mit dem Enterotube der Fa. Hoffmann / La Roche durchführen.

Wichtig ist die Kotuntersuchung in allen Fällen, in denen neue Tiere in Zuchtgruppen eingestallt werden sollen. Einmal jährlich empfiehlt sich eine Untersuchung des gesamten Bestandes. Bei Kaninchen, die im Haushalt gehalten werden und nicht mit anderen Kaninchen in Kontakt kommen, ist die Kotuntersuchung nicht so häufig erforderlich.

■ Hautuntersuchung

Kaninchen leiden häufig unter Ektoparasiten. Eine genaue Beschreibung der Hautuntersuchung findet sich im Kapitel 1.4 beim Meerschweinchen.

■ Röntgenuntersuchung

Belichtungsdauer und Belichtungsstärke für die Aufnahmen von Röntgenfotografien beim Kaninchen sind selbstverständlich abhängig von der verwendeten Kassette und der Entwicklung und der Beschaffenheit des Röntgenfilms. Mit den gleichen Belichtungen, die für kleine Katzen verwendet werden, sind auch beim Kaninchen gute Ergebnisse zu erzielen.

2.5 Narkose

Für Narkoseapparate mit halboffenem und halbgeschlossenem System gibt es Zusatzeinrichtungen, die eine Inhalationsnarkose beim Kaninchen ermöglichen. Für die tägliche Praxis kommen solche Geräte wegen ihres hohen Preises jedoch kaum in Betracht. Die Inhalationsnarkose soll hier nur vollständigkeitshalber erwähnt werden. Eine weitere Form der Inhalationsnarkose ohne Narkoseapparate ist die mit Hilfe einer Tropfmaske. Diese Narkose eignet sich nur für kurzfristige Eingriffe.

Das Atemminutenvolumen eines Kaninchens von 3 kg beträgt ungefähr 500 ml, daher wird die Durchflußgeschwindigkeit des Narkosegerätes auf 1,5–3 l/min eingestellt. Für die Narkose wird Lachgas und O_2 mit 0,5–0,8 Halotan im Verhältnis 1 : 1 vermischt. Vor der Narkose sollten die Tiere keine feste Nahrung zu sich nehmen. Wenn das Tier mit Heu oder Stroh eingestreut ist, ist auch die Einstreu zu entfernen, um ein Auffressen der Streu zu verhindern.

Während der Aufwachphase ist das Kaninchen (wie auch andere kleine Heimtiere) anfällig für Temperaturverlust. Nach der Beendigung des chirurgischen Eingriffs empfiehlt sich daher eine Lagerung unter einer Infrarotlampe oder einer Wärmflasche, wobei die Körperinnentemperatur des Patienten bis zum völligen Erwachen aus der Narkose kontrolliert werden muß. Hierbei ist darauf zu achten, daß die Temperatur auch nicht zu hoch gefahren wird, da die Temperaturverringerung gleichzeitig einen Teil des Schutzmechanismus zur Verringerung des Stoffwechsels darstellt.

In der Praxis hat sich die Injektionsnarkose durchgesetzt. Hierfür eignet sich vor allen Dingen Ketamin HCL (Ketanest, Vetalar) unter Zusatz von Xylacin (Rompun). Die Kaninchen haben sehr starke Reflexe. Es ist darauf zu achten, daß die Narkose nicht zu tief gerät, der Cornearreflex muß stets vorhanden sein, auch wenn beim Hautschnitt noch Reaktionen auftreten sollten.

Bei Ausfall des Cornearreflexes ist die Narkose zu tief. Die Dosierung bei der Ketamin HCL-Xylacin-Narkose beträgt Ketamin HCL 50 mg pro kg Körpergewicht und Xylacin 5 mg pro kg Körpergewicht, in einer Mischspritze aufgezogen und intramuskulär appliziert. Die Einschlafdauer beträgt 10 min und ergibt eine 20- bis 40minütige operationsfähige Narkose mit einer 2- bis 4stündigen Nachschlafdauer. Die Muskelrelaxion bei dieser Narkose ist ausreichend und die Gefahr der Atemdepression besteht nicht. Eine weitere Form der Injektionsnarkose ist die Mischung Diazepam (Valium) und Phentanylfluanison (Hypnorm). Diese beiden Narkosemedikamente dürfen jedoch nicht in einer Mischspritze aufgezogen werden, sondern sind getrennt zu verabreichen, und zwar Diazepam 5 mg pro kg Körpergewicht i. m. und Hypnorm 0,5 ml i. m. pro kg Körpergewicht. Die Einschlafdauer beträgt 10–20 min und ergibt eine 60- bis 100minütige operationsfähige Narkose mit einer 2- bis 6stündigen Nachschlafdauer. Bei den beschriebenen Injektionsnarkosen ist eine vorherige Injektion von Atropinsulfat als Vagolytikum nicht erforderlich. Lediglich bei der Inhalationsnarkose empfiehlt sich die Gabe von 0,5–0,25 mg Atropin pro kg Körpergewicht s. c. oder i. m.

Pentobarbital bewirkt beim Kaninchen eine sehr geringe Narkosebreite, wodurch sich das Narkoserisiko beträchtlich erhöht. Es ist daher nicht zu einer Pentobarbitalnarkose zu raten, dennoch sei hier der Vollständigkeit halber angegeben, daß Pentobarbital (Nembutal 20 mg pro kg Körpergewicht), intravenös dosiert, eine operationsfähige Narkose für etwa 15 min gewährleistet. Diese Narkose kann jedoch nicht empfohlen werden.

■ Schmerzlose Tötung

Die beste Form der schmerzlosen Tötung des Kaninchens besteht in der intravenösen oder intracardialen Injektion von Pentobarbital. Auch die intraabdominale Injektion ist möglich.

2.6 Organerkrankungen

2.6.1 Hauterkrankungen

■ Ektoparasiten

□ Läuse und Haarlinge

Bei Hauterkrankungen mit starkem Juckreiz sind Haut und Haare des Patienten genau auf Ektoparasiten zu untersuchen, am besten mit einer Lupe. Sind Läuse *(Haemodipsus ventricosus)* die Ursache, dann lassen sich in den Haaren die 0,5–0,8 mm langen birnenförmigen gedeckelten Eier oder Nissen erkennen, die von den weiblichen Tieren mit Hilfe des Sekrets der Kittdrüse an die Haare geheftet werden. Nach 8–10 Tagen verlassen die Embryonen die Nissen. Diese Larven saugen sofort Blut und entwickeln sich innerhalb von 3 Wochen zur geschlechtsreifen Laus.

□ Flöhe

Eine weitere Ursache für starken Juckreiz können Flöhe sein. Hier trifft man beim Kaninchen von den 800 bekannten Floharten in Europa häufig *Spilopsyllus cuniculi* an. Da die Flöhe sich ausschließlich vom Blut ihrer Wirtstiere ernähren, rufen sie einen starken Juckreiz hervor. Die Flöhe sind nicht an einen bestimmten Bluttyp gebunden, sondern haben sich auf die bestimmte Lebensart ihres Wirtstieres spezialisiert. So entwickelt sich der Kaninchenfloh nur im Kaninchennest, wo er während der Zeit, in der die Jungen gesäugt werden, genügend Zeit hat, die Eier abzulegen und die Larven schlüpfen zu lassen. Die Tatsache, daß die Flöhe nicht an einen bestimmten Bluttyp gebunden sind, erklärt auch, warum sie nicht ›wirtstreu‹ sind und auch bei anderen

Kleinsäugern und beim Menschen vorkommen. Der Kaninchenfloh spielt eine wichtige Rolle bei der Übertragung des Myxomatosevirus.

Die Bekämpfung der Läuse und Flöhe erfolgt mit Hilfe von Bädern in 0,15 %iger Neguvonlösung oder in 0,5 %iger Aluganlösung. An Stelle der Badebehandlung oder zu ihrer Ergänzung können die Tiere mit Alugan-Puder eingestäubt werden. Die Behandlung muß 2- bis 3mal mit 8tägigen Abständen durchgeführt werden, um eine Reinfektion durch ausschlüpfende Larven zu verhindern.

Es sind immer alle Tiere eines Bestandes gemeinsam zu behandeln, wobei wegen der geringen Wirtsspezifität der meisten Flöhe und Läuse auch andere im Haushalt lebende Tiere wie Meerschweinchen, Hunde und Katzen mit in die Therapie einbezogen werden müssen.

Da durch die blutsaugenden Flöhe als Zwischenträger sehr viele Infektionskrankheiten übertragen werden (z. B. Myxomatose), ist auf ihre Bekämpfung großes Gewicht zu legen.

□ Milben

Cheyletiella parasitivorax gehören zu den Raubmilben. Außer bei Kaninchen findet man sie auch bei Katzen, Hasen und Hunden. Diese Milbenart macht Jagd auf andere Milbenarten, die sie mit ihren fangartigen Mundwerkzeugen ergreifen und töten. Sind nicht genügend Beutemilben, zu denen besonders *Listrophorus gibbus* gehört, vorhanden, ernähren sich *Cheyletiella parasitivorax* von Hautpartikeln ihres Wirtstieres.

Auch *Psoroptes cuniculi, Notoedres cuniculi, Sarkoptes cuniculi* und *Demodex cuniculi* verursachen in der Kaninchenhaut einen starken Juckreiz. Das Tier wird unruhig und magert ab, schließlich verweigert es die Nahrungsaufnahme. Bei sehr starkem Befall kann es zu Hautverdickungen, Hautentzündungen und Haarausfall kommen. Starker Milbenbefall kann zum Tode führen. Der Juckreiz wird hervorgerufen durch die Aktivitäten der Milben in den oberen Hautschichten. Für die Diagnosestellung muß ein Hautgeschabsel angefertigt werden. Hierzu wird ein kleines Stückchen Haut

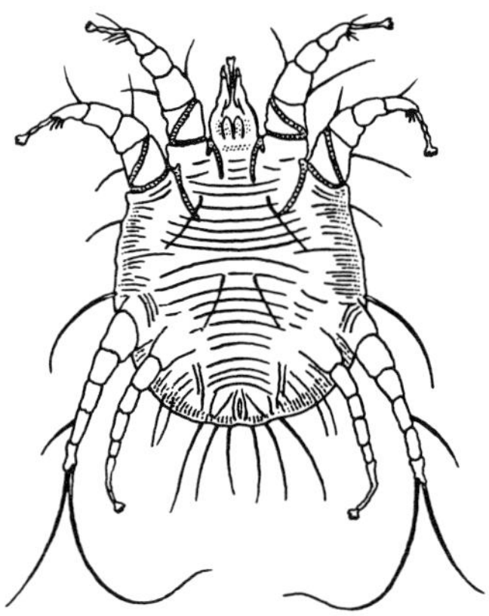

Abb. 13: *Psoroptes cuniculi*

oberflächlich geschoren. Dann schabt man mit einem Skalpell vorsichtig Schicht um Schicht der Haut ab. Die auf dem Skalpellblatt anhaftenden Hautpartikel werden an einem Objektträger abgestrichen. Das auf den Objektträger aufgebrachte Hautgeschabsel wird nun mit einigen Tropfen Kalilauge vermengt. Der Objektträger wird in eine feuchte Kammer gebracht (ein kleiner Behälter, in dem durch Auslegen mit feuchten Gazestreifen oder Mullbinden eine besonders hohe Luftfeuchtigkeit erzeugt wird). Man läßt die Kalilauge in der feuchten Kammer 24 Stunden auf das Hautgeschabsel einwirken. Die Milben können dann auf dem Objektträger mit Hilfe des Mikroskops nachgewiesen werden.

Die Therapie der Milbenerkrankung besteht im Baden in 0,1 %iger Aluganlösung oder 0,15 %iger Neguvonlösung. Die Bäder müssen 3 × hintereinander in einwöchigem Abstand erfolgen. Eine unterstützende Behandlung läßt sich mit Alugan-Puder durchführen. Die Heilungsaussichten sind um so besser, je früher mit der Therapie begonnen wird. Im späten Stadium sind die Milbenerkrankungen meist therapieresistent. Auch bei einem Milbenbefall ist es unerläßlich, den gesamten Tierbestand zu behandeln. Bei gleichzeitiger Haltung von Kaninchen und anderen Tieren, z. B. Meerschweinchen, sind diese in die Therapie mit einzubeziehen, weil manche Hautparasiten mehrere Tierarten befallen. Die erkrankten Tiere sind von den übrigen Tieren zu trennen.

Im Freien lebende Kaninchen können von Zecken befallen werden *(Ixodes ricinus)*. Die Therapie besteht hier in einem einfachen Herausdrehen der Zecke. Man legt den Zeigefinger auf die Zecke und dreht den Zeckenkörper mit Hilfe des Zeigefingers um seine eigene Achse, bis die Zecke herausfällt. Hierauf sollte die Bißstelle desinfiziert werden.

■ Fliegenmaden

Während der Sommermonate kann man an Kaninchen, die im Freien gehalten werden, an kleineren Wunden oder in von Durchfall entzündeten Analregionen Fliegenmaden antreffen. Die betroffenen Stellen sind mit lauwarmem Wasser zu säubern und anschließend zu desinfizieren. Auf die gereinigten Stellen sollte man antibiotischen Puder oder Lebertran-Zinkpaste auftragen.

■ Ulcerative Pododermatitis

Bei besonders schweren Kaninchen oder solchen, die auf einem ungeeigneten Untergrund wie Drahtgeflecht oder rauhem Holz gehalten werden, kann es zu geschwürigen Veränderungen am Metatarsus kommen. Die Ursache für diese mit dicken Krusten bedeckten Geschwüre sind Drucknekrosen. Sekundärinfektionen mit *Staphylococcus aureus* kommen vor. Hierbei bilden sich Eiteransammlungen unter den Krusten. Da eine Belastung der befallenen Beine schmerzt, werden die Kaninchen unruhig und hoppeln von einem Bein auf das andere oder belasten die Vorhand stärker.

Der wesentliche Teil der Therapie besteht in einer Veränderung der Haltungsbedingungen. Die Tiere müssen auf einer weichen und trockenen Einstreu gehalten werden. Die infizierten Wunden sind antibiotisch zu behandeln. Verbände mit Zink-Lebertransalbe unterstützen die Heilung.

■ Urinbrand und Feuchtigkeitsdermatitis

Werden Kaninchen auf einer feuchten, urinverschmutzten Unterlage gehalten, kann es zu einer starken Rötung der Haut am Bauch und der Schleimhäute, wie Anus- und Geschlechtsöffnung, kommen. Die Haare fallen an den betroffenen Stellen aus, es bilden sich braune Krusten. Ursache hierfür ist die ständige Reizung durch Urin und sich zersetzenden Urin auf der Unterlage. Die Therapie besteht in einer gründlichen Reinigung des Kaninchens und anschließender Behandlung mit einer Zink-Lebertransalbe. Auf trockene, saubere Einstreu ist zu achten. Die Haltungsbedingungen müssen verbessert werden.

Eine ähnliche Hauterkrankung findet man bei Kaninchen mit einer Malokklusion und Verletzungen der Mundschleimhaut. Die betroffenen Tiere schlucken den Speichel nicht mehr ab, sondern lassen ihn aus der Mundhöhle herauslaufen, wo er die Haare an Hals und Brust näßt. Nach einer Weile entzündet sich die Haut und die Haare fallen aus. Auch hier kommt es zu Hautläsionen mit Krustenbildung. Die Therapie besteht ebenfalls in einer gründlichen Reinigung des Kaninchens und im Auftragen einer Zink-Lebertransalbe. Es ist bei diesen Hauterkrankungen im Hals- und Brustbereich jedoch wichtig, die Ursache abzustellen, d. h. die Erkrankung der Mundhöhle oder der Zähne zu behandeln.

■ Dermatomykosen

□ Trichophytie

Die Trichophytie ist eine Antropozoonose, die nicht selten vom Kaninchen auf den Menschen übertragen wird. Der Erreger der Trichophytie beim Kaninchen ist meistens *Trichophyton mentagrophytes*. Auch *Trichophyton verrucosum* kommt als Erreger in Frage. Die Pilze verursachen einen lokalen Juckreiz, meist an den Pfoten und am Kopf, jedoch kann auch der gesamte Rumpf davon betroffen sein. Die Haare fallen aus, es bilden sich runde kahle Stellen, der Juckreiz nimmt zu. Die Tiere können infolge des unerträglichen Juckreizes abmagern. Die Diagnose läßt sich stellen, nachdem vom Rand der Hauterscheinung ein Geschabsel (s. o. bei »Milben«) genommen wird. Dieses Hautgeschabsel wird mit 10 % KOH-Lösung behandelt und unter dem Mikroskop auf das Vorhandensein von Pilzfäden untersucht.

Sind die erkrankten Hautstellen noch sehr klein, läßt sich eine äußerliche Therapie mit Ectimar® oder mit Defungit®-Lösung versuchen. Bei größeren Hautstellen muß Griseofulvin in einer Konzentration von 25 mg pro kg Körpergewicht oral 2 Wochen lang gegeben werden. Die Käfige sind mit Formalin zu desinfizieren. Kontaktpersonen sollten auf die Gefahr einer Hautpilzerkrankung und ihrer Symptome beim Menschen hingewiesen werden.

□ Andere Mykosen der Haut
Microsporum gypseum, M. canis und *M. audouini* sowie *Aspergillus fumigatus* (als Erreger einer Lungenmykose) sind beim Kaninchen nachgewiesen worden.

■ Staphylokokkose
Die Staphylokokkose wird durch verschiedene Staphylokokken *(Staphylococcus pyogenes, Staphylococcus albus* und *Staphylococcus aureus)* hervorgerufen. Bei dieser Erkrankung dringen die Staphylokokken über kleinere Hautverletzungen oder Bißverletzungen ein. Die Staphylokokkose kommt in zwei verschiedenen Formen vor. In der akuten Form treffen wir rote Schwellungen mit Abszeßbildung an, aber auch Septikämie und die chronische Form, bei der in Organen wie Leber, Niere und Milz Abszesse gebildet werden, mit der Folge, daß die Tiere abmagern und kümmern. Die Therapie besteht in diesem Fall in der Gabe von Antibiotika (siehe Kap. 7.2), bevorzugt nach Erstellung eines Antibiogramms. Die Abszesse müssen gespalten und über mehrere Tage gespült sowie lokal antibiotisch versorgt werden. Durch gute hygienische Haltungsbedingungen läßt sich die Staphylokokkose verhindern. Es ist sogar möglich, gegen die Erkrankung zu impfen.

■ Kaninchenpocken
Kaninchenpocken werden durch ein Virus der Pockenvirusgruppe hervorgerufen. Die Krankheit ist sehr selten und wird wegen der ähnlichen Symptomatologie häufig mit der Myxomatose verwechselt. Es bilden sich nach Nasenausfluß und Temperaturanstieg Schwellungen und Lymphknoten, vor allem des Knie-, des Popliteus- und des Inguinallymphknotens. Die Tiere liegen matt in ihrem Käfig. Es folgen Schleimhautveränderungen und Pusteln sowie ödematöse Schwellungen an den Augen, Augenlidern, am Hals und im Genitalbereich. Durch starke Ödematisierung des Urogenitaltraktes kann es zu einer Urinretention kommen. Eine Therapie dieser Erkrankung ist nicht bekannt. Die Impfung mit Vacciniaimpfstoff kann bei Infektionsgefahr versucht werden. Tiere, die die Kaninchenpocken überleben, sind für ein knappes Jahr gegen diese Erkrankung immun. Zur Unterscheidung zur Myxomatose läßt sich bei der Sektion eine sehr starke Leber- und Milzschwellung feststellen, die von zahlreichen grauweißen Nekroseherden überzogen sind. Auch in den Geschlechtsorganen, den Lungen und den Lymphknoten können diese Nekroseherde gefunden werden. Die Übertragung erfolgt über das Nasensekret.

■ Papillomatose (Warzen)
Die Papillomatose ist in Europa nicht bekannt. Sie kommt bei Wollschwanzkaninchen in den USA vor. Der Erreger ist ein zur Gruppe der Papillomaviren gehörendes Virus, das von Zecken und Mücken von infizierten auf nicht infizierte Tiere übertragen wird. Eine Therapie ist nicht bekannt. Zur Verhinderung der Ausbreitung sollen die Tiere nach Möglichkeit frei von Zecken und Mücken gehalten werden.

2.6.2 Herz- und Kreislauferkrankungen

Kaninchen werden durch eine dichte Behaarung und ein stark isolierendes Unterfell vor Kälte geschützt. Hierdurch ist das Kaninchen aber auch bei hohen Temperaturen in Verbindung mit hoher relativer Luftfeuchtigkeit für einen Hitzschlag sehr anfällig, wobei tragende und übergewichtige Tiere besonders gefährdet sind. Vom Hitzschlag betroffene Kaninchen liegen reaktionslos auf der Seite, haben einen stark beschleunigten Puls und eine schnelle flache Atmung, die Schleimhäute sind zyanotisch, selten ist blutiger Ausfluß aus Mund und Nase festzustellen. Die Therapie besteht zuerst aus dem Abstellen der Ursache des

Kreislaufversagens: Man lagert das Kaninchen kühl, z. B. auf oder unter einem feuchten Tuch. Der Nacken kann mit Eisstückchen eingerieben werden. Die feuchten Tücher sind so lange zu erneuern, bis die Körperinnentemperatur auf ungefähr 39 °C abgesunken ist und die Atemfrequenz 60 Atemzüge in der Minute erreicht hat.

Die Therapie kann durch Gaben von Glucokortikoiden unterstützt werden (s. Kap. 7.2). Zur Vermeidung eines Hitzschlages sollen im Freien gehaltene Kaninchen immer einen schattigen Platz zur Verfügung haben. Diese Schattenplätze müssen auch gut durchlüftet sein, es genügt nicht, ein Laufgitter auf die Wiese zu stellen, in dem lediglich ein Karton mit einer Öffnung als Schattenplatz zur Verfügung steht, da sich hier wegen der fehlenden Luftzirkulation die Hitze im Karton staut.

2.6.3 Erkrankungen der Atmungsorgane

■ Rhinitis contagiosa

Haupterreger des ansteckenden Kaninchenschnupfens ist *Pasteurella multocida,* jedoch werden auch *Bordetella bronchiseptica* und *Mykoplasmen* als Erreger beschrieben. Die Erkrankung befällt meist Tiere, die unter schlechten hygienischen Haltungsbedingungen leben. Die Ausbreitung des Schnupfens erfolgt durch Niesen (Tröpfcheninfektion).

Erste Symptome sind schleimiger bis eitriger Nasenausfluß, die Nasenöffnungen sind krustig und verklebt. Häufig sind auch die Vorderpfoten von Nasenausfluß verschmiert, das Fell verkrustet. Die Tiere niesen, die Atemgeräusche sind nasal. Im weiteren Verlauf der Erkrankung kann es zum Auftreten von *Otitis media* mit Torticollis und Gleichgewichtsstörungen sowie Abszessen der Haut und ödematisierten Schwellungen an Kopf und Augen kommen, die an Myxomatose erinnern.

Die Therapie kann in großen Beständen aus einer 1 %igen Terramycingabe über das Futter bestehen, besser ist eine Behandlung mit Vibramycinsirup, 4 mg pro kg Körpergewicht oral für 8–10 Tage. Tritt während der oralen Gabe der Antibiotika Durchfall auf, müssen diese sofort abgesetzt werden. Rezidive sind häufig. So ist die Erkrankung in einem großen Kaninchenbestand kaum mit Hilfe von Medikamenten auszumerzen. Bei großen Zuchtbeständen ist daher anzuraten, den gesamten Bestand zu töten.

Zur Schleimlösung hat sich die Inhalation bewährt. Hierzu wird das Kaninchen in einen luftdurchlässigen Kasten gesetzt, vor dem eine Schüssel mit 1 l heißem Wasser steht, das mit einem Eßlöffel Inhalatlösung versehen ist. Über Kiste und Schüssel wird eine Decke gebreitet, so daß das Kaninchen die ätherischen Dämpfe einatmen muß. Die Inhalation muß täglich 5 min lang wiederholt werden.

Als Rezeptur empfiehlt sich: Rp: *Olei terebintinae rectificati* (5,0), *Olei pini pumilionis* (5,0), *Olei eucalypti* (3,0), *Olei olivarum* (ad 100,0), MDS zur Inhalation.

■ Hämorrhagische Tracheopneumonie

Die Hämorrhagische Tracheopneumonie des Kaninchens wird vermutlich durch ein Parvovirus hervorgerufen. Die Krankheitssymptome sind Benommenheit, Atembeschwerden, blutiger Nasenausfluß, Zurückbiegen des Kopfes, Krämpfe und kurz vor dem Tod Aufschreien der Tiere. Die Zahl der erkrankten Tiere in einem Bestand ist sehr unterschiedlich. Es können wenige Tiere betroffen sein, aber auch der gesamte Tierbestand.

Bei künstlich infizierten Tieren trat der Tod 2 bis 3 Tage nach der Infektion ein.

Eine wirksame Therapie bei den erkrankten Tieren ist unbekannt. Wirksame Impfstoffe sind in Vorbereitung.

Prophylaktisch sollten seuchenhygienische Maßnahmen ergriffen werden.

■ Pasteurellose

Die Pasteurellose wird durch *Pasteurella multocida* hervorgerufen. *Pasteurella multocida* kann bei einer verminderten Abwehrkraft des Organismus eine Erkrankung der Atemwege hervorrufen. Die Symptome sind nicht eindeutig und erinnern an Schnupfen mit Nasenfluß und Niesen. Es tritt jedoch bei der Pasteurellose sehr schnell eine heftig verlaufende Septikämie ein, die bei akutem Verlauf innerhalb von 12–24 Stunden zum Tode führen kann, ohne daß besondere Krankheitserscheinungen aufgetreten sind. Verläuft die Septikämie langsamer, kann der Tod nach 1–2 Tagen eintreten, wobei hier die Symptome einer Pneumonie mit Anorexie und Atemnot zu finden sind. Bei der Sektion findet man als Todesursache zunächst eine Sepsis. Die Erkrankung tritt am häufigsten bei schlechten hygienischen Haltungsbedingungen auf. Feuchte Einstreu und zugige Käfige sowie unzureichende Futterversorgung fördern den Ausbruch der Erkrankung.Therapeutisch ist die Krankheit wie der Schnupfen zu behandeln, auch hier kann man prophylaktisch mit einem Pasteurellaimpfstoff impfen. Die Impfung muß zweimal im Abstand von 14 Tagen verabreicht werden und gibt dann eine Immunität für 1–2 Jahre.

■ Lungenwürmer

Lungenwürmer (Protostrongylusarten) kommen besonders oft bei wilden Kaninchen vor. Die Ansteckung des Hauskaninchens erfolgt über infiziertes Grünfutter. Die erwachsenen Wurmstadien leben in den Bronchien, wo sie ihre Eier ablegen, die abgehustet werden und mit dem Speichel abgeschluckt werden. Ein geringer Infekt verläuft ohne Symptome. Nur bei starkem Lungenwurmbefall bekommt die Krankheit einen chronischen Verlauf, wobei die Tiere abmagern. Oft haben sie auch einen eitrig-schleimigen Nasenausfluß. Das wichtigste Indiz für den Lungenwurmbefall ist Husten. Therapeutisch kann Levamisol (Citarin-L®) 8 mg/kg KG eingesetzt werden.

■ Lungenmykose

Der Schimmelpilz *(Aspergillus fumigatus)* ruft beim Kaninchen die Lungenmykose hervor. Eine wichtige Voraussetzung für die Erkrankung an Lungenmykose sind feuchte, schlecht belüftete Kaninchenställe mit feuchtem Heu und Einstreu. Die Infektion mit den Schimmelpilzen erfolgt oral durch das Einatmen von Infektionsmaterial. Wie bei den meisten Infektionskrankheiten fördern schlechte Haltungsbedingungen und, damit verbunden, nachgelassene Abwehrkraft die Ansteckung besonders. Die erkrankten Tiere leiden unter Atemnot und Husten. Bei länger andauerndem Verlauf der Krankheit magern die Kaninchen ab. Eine Therapie der Lungenmykose ist wenig erfolgversprechend, jedoch kann Griseofulvin 25 mg/kg Körpergewicht oral versucht werden. Man vermeidet den Ausbruch der Lungenmykose, indem man kein schimmeliges Heu und Stroh verwendet und die Stallungen stets trocken und warm hält.

2.6.4 Erkrankungen der Verdauungsorgane

■ Orale Papillomatose

Die von einem Papillomavirus hervorgerufene orale Papillomatose ist selten mit klinischen Erscheinungen verbunden und fast immer ein Zufallsbefund. Bei der oralen Papillomatose handelt es sich um gutartige Wucherungen der Mundschleimhaut, die auch ohne Therapie zurückgehen. Sollte es zu einer Geschwürbildung in der Mundhöhle kommen, ist ein wiederholtes Einpinseln mit Salviathymol® zu empfehlen. Eine weitere Therapie erübrigt sich.

■ Zahnanomalien

Eine angeborene Fehlstellung der *Incisivi* bewirkt bei vielen Kaninchen ungehindertes Längenwachstum der Schneidezähne. Hierdurch kann es zu Störungen der Nahrungsaufnahme kommen. In diesem Fall sind die Schneidezähne mit Hilfe eines scharfen Seitenschneiders auf die normale Länge zu kürzen. Um Splitterung beim Schneiden zu vermeiden, kann man auch eine Trennscheibe verwenden, die man auf einen Zahnbohrer aufsetzt. Da die Zähne im Laufe der Zeit nachwachsen, muß diese Therapie in Zeitabständen wiederholt werden.

Bei Kaninchen, die mit dem Vorbericht der Nahrungsverweigerung und einem nassen, verklebten Fell an Unterkiefer und Vorderbrust in der Praxis vorgestellt werden, findet man bei der Inspektion der Mundhöhle breiige Nahrungsreste in den Backentaschen vor. Auf den Backenzähnen sind

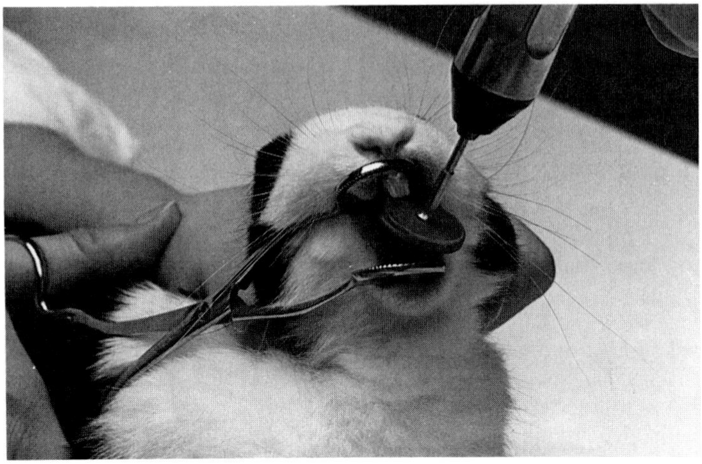

Abb. 14: Kürzen der Schneidezähne mit der Trennscheibe

durch die Malokklusion der Backenzähne von Ober- und Unterkiefer Haken entstanden, die bei Innenwuchs die Zunge verletzen, bei Außenwuchs in die Mundschleimhäute einschneiden. In seltenen Fällen kommt es — wie auch beim Meerschweinchen — zu einer vollständigen Brückenbildung zwischen den Haken des rechten und den Haken des linken Unterkiefers. Diese Haken können mit einer starken Schere abgeschnitten werden. Zur Untersuchung der Mundhöhle öffnet eine Hilfsperson diese mit Hilfe einer über die Schneidezähne des Ober- und Unterkiefer geführten, geschlossenen Zungenzange, die durch Spreizen die Kiefer trennt. Mit einer Schere geht man nun in die Mundhöhle und drückt die Zunge zur Seite, während eine Lichtquelle das Innere der Mundhöhle erhellt. Mit der anderen Schere können nach Ausräumen der Futtermittelreste aus der Mundhöhle die Haken abgeschnitten werden. Es empfiehlt sich hierfür eine schmale Schere, da eine breite Schere in der engen Mundhöhle nicht ausreichend geöffnet werden kann. Die durch die Zahnhaken hervorgerufenen Verletzungen der Mundschleimhaut und der Zunge neigen zu Abszeßbildung. Solche Abszesse müssen geöffnet und antibiotisch versorgt werden. Die verletzte Mundschleimhaut sollte nach dem Abschneiden der Haken mit einem Watteträger, der mit Salviathymol® getränkt ist, behandelt werden. Wegen der sehr guten Heilungstendenz der Mundschleimhaut fressen die Tiere meist am nächsten Tag schon wieder normal, aber auch in diesem Fall sollte die Behandlung in regelmäßigen Abständen wiederholt werden.

Kaninchen neigen zu heftigen und plötzlichen Abwehrbewegungen und schnellen dabei mit unvermuteter Heftigkeit nach vorn. Hilfspersonal, das die Kaninchen festhält, ist hierauf hinzuweisen und muß auf einen solchen Ausbruch gefaßt sein. Es erfordert ein wenig Übung, die Scheren während des Abschneidens der Haken so locker zu halten, daß bei einem plötzlichen Vorschnellen des Kaninchens die Mundschleimhaut nicht verletzt wird. Wenn man beruhigend auf die Kaninchen einspricht, kommt es auch nur sehr selten zu plötzlichen Abwehrbewegungen. Ich persönlich ziehe in jedem Fall das Behandeln der Zahnhaken ohne Narkose einer Narkose vor. Mit ein bißchen Übung geht das einfacher, als man annehmen möchte.

Da die Ursache für die Zahnerkrankungen meist eine *ererbte* Fehlstellung der Zähne ist, sind Tiere mit Erkrankungen dieser Art von der Zucht auszuschließen.

Bei Kaninchen mit Backenzahnanomalien ist oft ein Hauptsymptom die feuchte, verklebte Haut an Unterkiefer und Brust, die von Speichelfluß herrührt. Die Ursache für den Speichelfluß liegt darin, daß beim

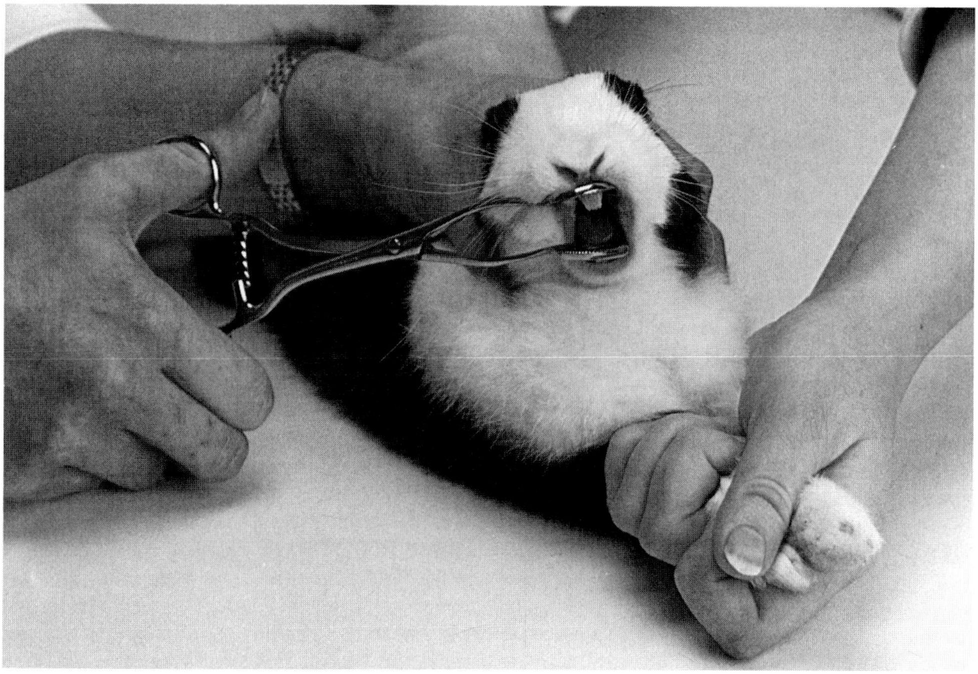

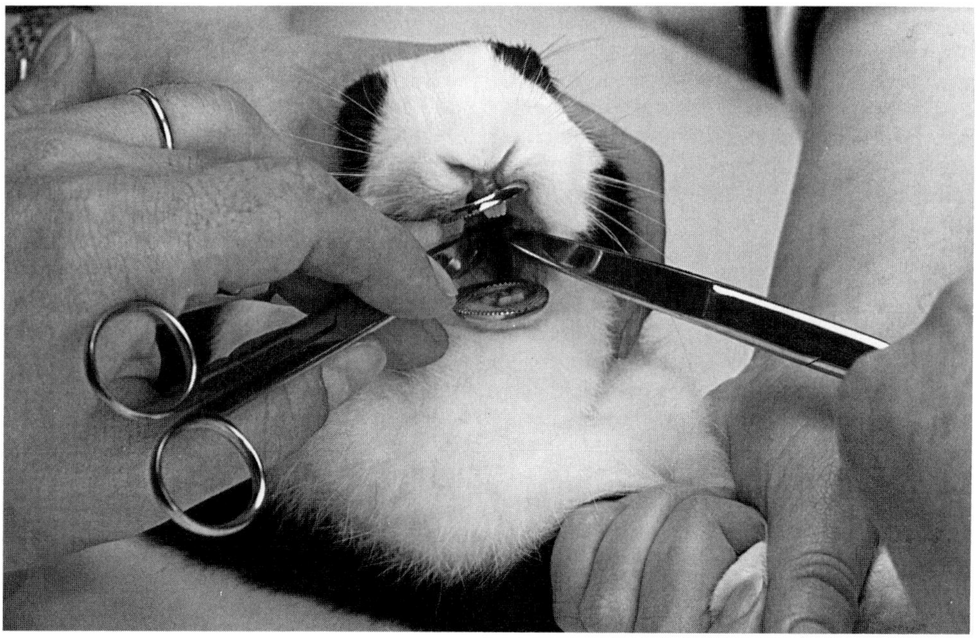

Abb. 15 und 16: Abschneiden der Haken der Backenzähne

Schlucken die Zunge nicht mehr nach hinten bewegt werden kann, wenn die Haken der Backenzähne in die Zungenschleimhaut einschneiden. So schluckt das Kaninchen nicht mehr ab, sondern läßt den Speichel aus der Mundhöhle herauslaufen, was zu den beschriebenen nassen Stellen an Unterkiefer und Hals führt.

■ Stomatitis vesiculosa

Die von einem Virus hervorgerufene *Stomatitis vesiculosa* zeichnet sich durch eine sehr hohe Morbidität von nahezu 100 % aus. Die Sterblichkeitsrate liegt oberhalb von 50 %. Bei dieser Erkrankung zeigen die Kaninchen Blasen auf den Lippen und auf der Mundschleimhaut, die eine helle serofibrinöse Flüssigkeit beinhalten. Diese Blasen brechen auf und heilen ab, jedoch entstehen Tochterblasen. Durch die Schmerzen, die durch diese Blasen hervorgerufen werden, magern die Tiere ab, da sie keine Freßlust zeigen; dabei haben sie einen starken Speichelfluß. Durch den Speichelfluß verkleben die Haare an Hals und Brust. Auch an den Vorderpfoten sind Krusten zu finden. Die aufgeplatzten Blasen an der Mundschleimhaut werden sehr häufig von *Spheroforus necrophorus* infiziert.

Therapeutisch ist die Mundschleimhaut mit adstringierenden Medikamenten einzupinseln (z. B. Salviathymol® oder Kamillosan®). Um die bakterielle Verbreitung der Infektion zu vermeiden, sind antibiotische Injektionen empfehlenswert. Es ist sehr wichtig, die Kaninchenställe mit einem viruziden Desinfektionsmittel zu desinfizieren.

■ Magenüberladung

Durch eine Futterumstellung oder durch Überfütterung nach einer längeren Diät oder nach Gabe eines besonders schmackhaften Futters in Übermenge können Kaninchen so viel Futter aufnehmen, daß es zu einer Magenüberladung kommt. Die Tiere haben einen stark aufgedunsenen Leib, der nicht spannt, sondern elastisch und eindrückbar ist. Im übrigen sind die Symptome der Trommelsucht sehr ähnlich. Durch Magenruptur oder häufiger durch mechanische Behinderung der Atmung und des Kreislaufs kann es zu Todesfällen kommen. Therapeutisch nimmt man den Tieren alle Einstreu und alles Futter weg und verabreicht ein Laxans (z. B. 5 ml Rizinusöl) p. o. Eine vorsichtige Massage im Bauchbereich kann dazu beitragen, die Darmperistaltik wieder in Gang zu bringen.

■ Dysenterie, Enteritis

Vor allem junge Kaninchen im Alter von 6–10 Wochen werden von einer verbreiteten Krankheit mit einer hohen Sterblichkeitsrate, der Dysenterie, befallen. Ältere Tiere erkranken seltener an der Dysenterie. Als Erreger der Erkrankung spielen *Escherischia coli, Proteus vulgaris, Enterobacter aerogenes,* Coccidien und Clostridienarten eine Rolle. Eine Erklärung für die Dysenterie, die einen Enteritiskomplex darstellt, ist das Schwarzmannphänomen. Durch die Übersekretion von Elektrolyten und Schleim wird der Darminhalt alkalisch. Das führt zu einer metabolen Azidose, was wiederum eine starke Vermehrung von Mikroorganismen zur Folge hat. Durch die Überzahl von Mikroorganismen kommt es zu einer bakteriellen Intoxikation.

Die Symptome sehen folgendermaßen aus: Die Kaninchen stellen die Nahrungsaufnahme ein, trinken sehr viel (in seltenen Fällen stellen sie das Trinken ein). Die Tiere bekommen ein struppiges Fell und Durchfall, der eine gelbliche bis braune Farbe hat. Es kommt zu einem starken Flüssigkeitsverlust. Schließlich haben die Kaninchen Untertemperatur und magern schnell ab. Die Schleimhäute werden blaß. Erkrankte Tiere sterben meistens mit einem Alter von 5–9 Wochen. Die Kaninchen entwickeln gegen diese Erkrankung keinerlei Immunität, und auch einen Gewichtsverlust können sie später nicht wieder aufholen. Die Diagnose läßt sich stellen durch die Symptome und das Alter der Tiere. Man kann einen Therapieversuch durchführen, wenn man die Symptome frühzeitig bemerkt. Dann ist den Tieren alles Futter sofort wegzunehmen und sie für 2 Tage fasten zu lassen. Während dieser Zeit ist den Tieren Terramycin® (10 mg/kg Körpergewicht) zu injizieren, später ist, wenn sie wieder Nahrung aufnehmen können, Terramycin® 1%ig über das Futter zu geben.

Der einzige Schutz vor dieser gefürchteten Jungtiererkrankung ist die Gabe von Antibiotika während der Aufzucht.

■ Enterotoxämie

Clostridium perfringens kann bei jungen Tieren im Alter von 8–30 Tagen eine akute Enteritis hervorrufen. Es kommt zu Abmagerung und blutigem Durchfall. Meist ist der Darm hierbei durch Gasbildung geschwollen. Die Prognose bei dieser Jungtiererkrankung ist zweifelhaft, man kann jedoch mit Sulfonamid als Injektion einen Therapieversuch unternehmen.

■ Tyzzer's Disease

Bacillus piliformis ist der Erreger von Tyzzer's Disease. Er kommt im Stuhl vor und ruft unter normalen Haltungsbedingungen keine Krankheitserscheinungen hervor. Bei Haltungsmängeln oder in Streßsituationen oder bei sehr jungen Kaninchen kommt es jedoch zu einer sehr raschen Vermehrung des Erregers, der dann einen akuten Durchfall mit Anorexie, Abgeschlagenheit und Dehydratation hervorruft. Ein bis zwei Tage nach dem Auftreten der ersten klinischen Erscheinungen sterben die Tiere. Die Übertragung der Erreger erfolgt über den infizierten Kot. Auch diejenigen Tiere, die die Krankheit überleben, kümmern anschließend. Die Diagnose läßt sich durch Erregernachweis stellen. Eine Therapie kann versucht werden mit Oxytetracyclin 10 mg/kg Körpergewicht s. c.

□ Endoparasiten

Magenwürmer und Darmwürmer kommen beim Kaninchen vor. Die Diagnose läßt sich mit Hilfe einer Kotuntersuchung (s. S. 42) stellen. Die Infektion erfolgt über das Frischfutter, welches von wilden Kaninchen und Hasen infiziert sein kann. Symptomatisch treten Anämie, Durchfall und Abmagerung in Erscheinung. Zur Therapie empfiehlt sich für die Rundwürmer 200 mg pro kg Körpergewicht Piperazin, welches man nach 10–14 Tagen erneut verabreicht. Auch Thiabendazol 250 mg pro kg Körpergewicht kann oral gegeben werden. Auch diese Therapie muß nach 14 Tagen wiederholt werden, um die herangereiften Wurmstadien ebenfalls zu erfassen. Bandwürmer werden mit Yomesan® 100–150 mg pro kg Körpergewicht therapiert.

□ Coccidiose

Eine weitere Form der Enteritis wird durch verschiedene Eimeriaarten hervorgerufen: *Eimeria magna, Eimeria media, Eimeria perforans* und *Eimeria residua.* Auch bei dieser Erkrankung ist das Hauptsymptom Durchfall. Die Diagnose kann hier gestellt werden, indem man etwas Kot auf einen Objektträger aufbringt und mit Kochsalzlösung auflöst. Unter dem Mikroskop sind die Eimeriaoozysten sichtbar. In einzelnen Fällen kann das Erscheinen von Oozysten im Kot im akuten Stadium fehlen. Die Therapie erfolgt durch die Verabreichung von Nococcin® über das Trinkwasser. Wie auch bei den vorangegangenen Erkrankungen sind gute hygienische Haltungsbedingungen der beste Schutz vor dem Auftreten der Coccidiose.

□ Lebercoccidiose

Eimeria stidae kann bei massenhaftem Befall zu einer Lebercoccidiose führen. 90 % aller Kaninchen sind Träger der *Eimeria stidae,* ohne daß klinische Erscheinungen auftreten. Diese stellen sich nach einer massenhaften Infektion nach 15 Tagen ein. Zunächst sind die Tiere schwach und zeigen wenig Appetit. Es tritt Durchfall auf, der später in eine Obstipation übergeht. Da *Eimeria stidae* das Gallengangsepithel angreift, kommt es zu Veränderungen in der Leber. Der Leib ist stark aufgetrieben durch die Lebervergrößerung und einen dadurch hervorgerufenen *Ascites.* Die Schleimhäute können sich ikterisch verfärben. Auch hier läßt sich eine Therapie mit Nococcin® durchführen.

□ Cysticercose

Bei Kaninchen, die mit Hunden in Berührung kommen, kann es zur Cysticercose kommen. Der Verursacher ist der *Cysticercus pisiformis* des Hundebandwurms *Taenia pisiformis.* Die oral aufgenommenen Erreger perforieren die Darmwand und wandern durch die Kapillarien und bilden Finnen. Es kommt zu Abmagerung, Anämie und Verstopfungen, wobei eine Therapie mit Praziquantel (Droncit®) 10 mg/kg Körpergewicht versucht werden kann. Als vorbeugende Maßnahme muß vermieden werden, daß Hunde und Kaninchen zusammenkommen. Sollte sich dies bei einer gemeinsamen Haltung innerhalb der Familie nicht vermeiden lassen, so ist darauf zu achten, daß bei dem Hund in regelmäßigen Abständen Bandwurmkuren durchgeführt werden.

□ **Distomatose**

Bei Fütterung mit Grünfutter von sehr feuchten Weiden kommt es zur Distomatose durch Infektion mit *Fasciola haepatica.* Diese Erkrankung ist selten. Die Diagnose läßt sich stellen durch das Auffinden von Fasziolaeiern im Kot. Therapeutisch können die üblichen Leberegelmedikamente verabreicht werden.

□ **Weitere Endoparasiten**

Bei Kaninchen bekannte Nematoden und Cestoden sind *Obeliscoides cuniculi, Nematodirus leporis, Trichostrongylus calcaratus, Passalurus ambiguus, Dermatoxys velegeria, Trichuris leporis, Cittotaenia variabilis, Taenia pisiformis* und *Taenia serialis.*

■ **Haarballen**

Durch verschiedene Ursachen, die miteinander kombiniert auftreten, kommt es beim Kaninchen zum Auftreten von Haarballen im Magen. Starker Haarausfall, Ernährungsmängel, vor allem ein Mangel an Rauhfutter können das Kaninchen veranlassen, vermehrt sein eigenes Fell zu fressen. Anatomische und physiologische Faktoren fördern beim Kaninchen ebenfalls die Formation von Haarballen. Da das Kaninchen nicht erbrechen kann, können die Haarballen den Magen nicht auf natürliche Weise verlassen. Je nach Größe des Haarballs kommt es zu verminderter Nahrungsaufnahme, zu Polydipsie und zu Abgeschlagenheit, Abmagerung, in besonders schweren Fällen können die Kaninchen regelrecht verhungern.

Die Diagnose ist selbst unter Zuhilfenahme von Kontrastmittelröntgenaufnahmen schwierig, da sich die Haare auf der Aufnahme kaum darstellen lassen. Die Therapie muß chirurgisch erfolgen. Bei stark abgemagerten und bereits sehr geschwächten Tieren ist vor der Operation einige Tage lang subkutan Nährlösung zuzuführen. Auch die Gabe von Antibiotika und Glukokortikosteroiden 24 Stunden vor der Operation hat sich bewährt.

2.6.5 Erkrankungen der Harnorgane

■ **Nephritis**

Die Nephritis tritt als Folge einer Sepsis auf. Sie kann jedoch auch durch Nierensteine verursacht werden, ebenso durch *Nosema cuniculi,* Leptospiren oder Toxoplasma. Die Tiere setzen nur kleine Mengen Urin ab, es folgt Anurie, Urämie, Koma und Tod. Therapeutisch sind Antibiotika über das Trinkwasser zu geben, die über die Nieren ausgeschieden werden (Sulfonamide und Furanderivate oder Terramycin).

■ **Cystitis**

Die Cystitis ist beim Kaninchen relativ häufig. Die Erkrankung neigt dazu — wie auch bei anderen Säugetieren — chronisch zu werden, wenn die Therapie nicht ausreichend oder früh genug eingeleitet wird. Zunächst werden kleine Mengen Urin sehr häufig abgesetzt. Der Urin kann blutig oder mit Eiweißflocken versetzt sein. Es kann zu einer Tropfblase kommen, wodurch Urinbrand hervorgerufen wird. Manchmal scheuert die Blase, die sehr stark gefüllt ist, wobei eine Peritonitis oder Urämie die Folge ist. Die Diagnose läßt sich sehr leicht durch die Symptome oder eine Harnuntersuchung (s. S. 42) stellen. Therapeutisch werden Antibiotika, die über die Nieren ausgeschieden werden (10 mg/kg Körpergewicht s. c. z. B. Terramycin®) gegeben. Die Therapie muß über einen ausreichend langen Zeitraum erfolgen, um Rezidive zu verhindern.

■ **Blasensteine**

Beim Vorkommen einer Cystitis ist auch an das Vorhandensein von Blasensteinen zu denken. Im Sediment sind dann verstärkt Kristalle zu finden. Eine Röntgenaufnahme kann zur Sicherstellung der Diagnose angefertigt werden. Eine Operation ist leicht durchzuführen. Die Steine werden entweder durch die Uretra oder aus der Blase direkt herausgeholt. Siehe Kapitel 1.6.5.

2.6.6 Erkrankungen der Geschlechtsorgane

■ Allgemeine Fruchtbarkeitsstörungen

Fruchtbarkeitsstörungen beim Kaninchen werden hervorgerufen durch infektiöse Ursachen wie Spirochätose oder Pasteurella-Genitalinfektionen, durch hormonelle Ursachen, die ihre Genese in einer Dysfunktion der Hypophyse und der Eierstöcke haben können; sie können gleichfalls durch schlechte Temperatur- und Lichtverhältnisse hervorgerufen werden oder ihre Ursache in Stoffwechselstörungen, die in einem Mangel an Vitamin- und Mineralstoffen (vor allem den Vitaminen A, B und E) haben. Es können auch psychische Ursachen vorliegen, wobei das *Overcrowding* eine besondere Rolle spielt.

■ Spirochätose

Die Spirochätose, die auch als *Kaninchensyphilis* bezeichnet wird, wird hervorgerufen durch *Treponema cuniculi.* Die Ausbreitung dieser Erkrankung erfolgt über den Deckakt. Sie verläuft häufig ohne klinische Symptome. Es kann zu Schwellungen der Geschlechtsteile oder zu einer Phimose kommen. Die Inkubation beträgt 3 Wochen bis 3 Monate. Bis dahin kommt es zur Ausbildung von Ulcera an den Geschlechtsorganen, die nach einiger Zeit abtrocknen und krustig werden. Die inguinalen Lymphknoten und die Poplitealymphknoten schwellen an. Es kann zur Generalisierung mit Ausbildung von Blasen an den Lippen und Haarausfall kommen. Die erkrankten Tiere sind bis zur vollständigen Heilung von der Zucht auszuschließen. Die Therapie besteht in der Gabe von Erythromycin 10 mg/kg Körpergewicht i. m. oder oral über einen Zeitraum von 2 Wochen.

■ Genitalinfektionen durch Pasteurella multocida

Auch Infektionen mit *Pasteurella multocida* können zu einer Genitalinfektion führen. Auch hier erfolgt die Übertragung durch den Geschlechtsverkehr. Meist verläuft die Krankheit subklinisch. Es kann jedoch zur Ausbildung einer Metritis oder Pyometra kommen, die sich durch einen serösen oder purulenten Ausfluß äußert. Beim männlichen Tier kann es zur Ausbildung von Orchitis und Epididymitis kommen, die einen gelblichen Ausfluß aus dem Penis hervorruft. Die erkrankten Tiere sollen nicht mehr zur Zucht verwendet werden, da eine Therapie sehr häufig erfolglos bleibt. Therapeutisch können Antibiotika verabreicht werden. Bei Einzeltieren, die im Haushalt gehalten werden, ist eine Ovariohysterektomie oder Kastration zu empfehlen.

■ Trächtigkeitstoxikose

In den letzten Tagen einer Trächtigkeit kann es zur Ausbildung einer Trächtigkeitstoxikose kommen, deren Ursachen in einer hormonellen Dysregulation zu finden sind. Fast immer verläuft die Erkrankung tödlich. Die Tiere sind lustlos und zeigen wenig Appetit. Der Tod tritt meist sehr schnell ein nach einem Abort, Bewegungskoordinationsstörungen, Krämpfen oder Koma. Eine Therapie ist nicht bekannt. Es ist jedoch zu empfehlen, die Futtermenge wenige Tage vor der Geburt herabzusetzen.

■ Hypokalzämie

Selten tritt die Hypokalzämie vor der Geburt ein, in der Regel 1–3 Wochen nach der Geburt bei Tieren mit großen Würfen und einer starken Milchproduktion. Die Krankheit wird durch eine Störung des Kalziumhaushalts hervorgerufen. Sie äußert sich in Apathie, Kreislaufstörungen. Während der Laktation verliert das Kaninchen täglich mehr als 1 g Kalzium. Auch Hinterhandlähmungen und Verdauungsstörungen kommen vor. Die Tiere sterben nach 1–2 Tagen. Therapeutisch können Kalzium-Gluconiumlösungen, sowohl intraperitoneal als auch subkutan, verabreicht werden, je nach Größe genügen 5–10 ml. Die Tiere sollten sich innerhalb weniger Minuten erholen.

■ Mastitis

Erreger der Mastitis sind Staphylokokken und Streptokokken. Die Mastitis ist beim Kaninchen nicht häufig. Der Ausbruch der Erkrankung wird jedoch durch schlechte hygienische Verhältnisse, eine hohe Milchproduktion und Verletzungen am Gesäuge gefördert. Die erkrankten Teile des Gesäuges sind dunkelrot geschwollen und warm. Therapeutisch sind Antibiotika (Oxytetracyclin 10 mg/kg Körpergewicht) intramuskulär 2 × tägl. über 3–5 Tage zu injizieren. Die Jungen sollten bei der Mutter bleiben und wegen der Infektionsgefahr nicht bei einer Amme angelegt werden.

2.6.7 Erkrankungen der Sinnesorgane und des Nervensystems

■ Auge

□ Bindehautentzündung

Wie auch beim Meerschweinchen sind gerötete Lidbindehäute eine Begleiterscheinung vieler Infektionskrankheiten des Kaninchens. Die Therapie der die Bindehautentzündung verursachenden Erkrankung muß hier das Hauptanliegen sein. Eine antibiotische Augensalbe kann mehrmals täglich ins Auge eingebracht werden.

Hornhautverletzungen durch Heu und Stroh kommen vor. Starker Tränenfluß und Augenzwinkern sind die signifikanten Symptome. Das betroffene Auge wird mit einem Tropfen Fluorescinlösung (Fluorrescin Na 0,5, Aqua dest. ad 10,0) beträufelt. Die Hornhautverletzung leuchtet grün auf. Nachdem so Umfang und Ausmaß der Hornhautverletzung ermittelt sind, werden therapeutisch antibiotische Augensalben abwechselnd mit Regepithel-Baeschlin®-Augentropfen alle 2 Stunden auf den Augapfel geträufelt. Unterstützend können zum Aufklaren der Hornhaut glukosehaltige Augensalben verwendet werden. Wegen der Gefahr einer Hornhautperforation sind kortisonhaltige Augensalben nicht zu verwenden.

□ Epiphora

Oft werden Kaninchen in der Praxis vorgestellt, die unter starkem Tränenfluß leiden. Vom vorderen Augenwinkel ziehen nasse Straßen. Die Ursache ist häufig ein Verschluß des Tränen-Nasen-Kanals. Zur Prüfung der Durchgängigkeit des Tränen-Nasen-Kanals werden den Tieren einige Tropfen Fluoresceinlösung aufs Auge geträufelt. Nach 10 min muß die grün leuchtende Flüssigkeit an den Nasenwinkeln zu sehen sein, sonst ist der Tränen-Nasen-Kanal verschlossen. Eine Spülung des Tränen-Nasen-Kanals oder eine Sondierung bei verschlossenem Tränen-Nasen-Kanal haben wenig Aussichten auf dauerhaften Erfolg.

■ Ohr

□ Otitis interna

Ein häufiger Grund für das Vorstellen von Kaninchen in der Praxis ist ein plötzlich aufgetretener Torticollis. Die Ursache hierfür ist fast immer eine Otitis interna, die durch *Pasteurella multocida* hervorgerufen wird. Therapeutisch kann die Injektion von Oxytetracyclin 10 mg/kg Körpergewicht versucht werden. In einigen Fällen werden damit Erfolge erzielt. Allgemein ist die Prognose jedoch ungünstig.

□ Ohrräude

Psoroptes cuniculi als Erreger der Ohrräude sind häufig in Kaninchenohren anzutreffen. In der Ohrmuschelinnenfläche und im Ohrgang bilden sich Bläschen und blättrige braune Borken, die aus dem Gehörgang herauswachsen. Im Gehörgang sammelt sich ein schmieriges, eitriges Sekret. Die Kaninchen schütteln mit dem Kopf, versuchen an den Ohren zu kratzen und halten den Kopf schief. Im fortgeschrittenen Stadium fressen die Tiere nicht mehr und kümmern.

Auch Mittelohr und Innenohr können von der Ohrmilbe betroffen sein. Die Therapie besteht in einer gründlichen Reinigung des Ohres, wobei die Borken vorsichtig zu entfernen sind, da unter ihnen die Milben leben. Nach sorgfältiger Reinigung des Ohres muß eine kontaktinsektizidhaltige Lösung wie Triplexan® in den Gehörgang eingebracht und sorgfältig einmassiert werden. Die Therapie ist über wenigstens 4 Tage fortzusetzen.

■ **Nervensystem**

□ **Hinterhandlähmung**

Traumatische Verletzungen des Rückenmarks in Höhe des L 7 durch Unfälle oder durch Schreckreaktionen können zu einer partiellen oder totalen Paralyse der Hinterhand führen. Bei einer starken Schädigung des Rückenmarks sind auch Harn- und Kotabsatz gestört. Eine Therapie ist hier nur bei leichten Lahmheiten zu empfehlen (B 12, Antiphlogistika), bei stärkeren Paralysen sollten die Tiere eingeschläfert werden.

□ **Aujeszkysche Krankheit**

Die Aujeszkysche Krankheit wird durch ein Virus hervorgerufen. Die Aufnahme des Virus kann sowohl oral als auch durch die Haut erfolgen. Die Symptome sind typisch. Die Kaninchen zeigen heftigen Juckreiz und kratzen sich bis zur Selbstverstümmelung. Auch Krämpfe werden beobachtet. Häufig tritt der Tod innerhalb der ersten 12 Stunden nach dem ersten Auftreten der Symptome ein. Eine Therapie ist nicht bekannt.

Außerhalb des Organismus wird das Virus durch 1 % Natronlauge vernichtet.

□ **Listeriose**

Listeria monocytogenes ist der Erreger der Listeriose. Die Krankheit kommt nur selten vor. Akut verläuft sie mit einer Septikämie. Es gibt auch den chronischen Verlauf mit nervösen Erscheinungen, hierbei sind die Kaninchen lichtscheu, zeigen Zwangsbewegungen und Torticollis. Sie magern stark ab. Eine Therapie erscheint wenig sinnvoll, jedoch ist eine Antibiotikagabe (Tetracyclin) über 8–10 Tage möglich.

2.6.8 Weitere Erkrankungen

■ **Rodentiose**

Durch *Pasteurella pseudotuberculosis* wird die Rodentiose hervorgerufen. Hauptinfektionsträger sind Mäuse, die selbst nicht erkranken.

Oft erkranken die Tiere symptomlos, sind jedoch Ausscheider der Pasteurellen. Mögliche Symptome sind Dyspnoe, Inappetenz und Abmagerung. Die Tiere sterben durch Kachexie. Die Diagnose läßt sich durch den Nachweis von *Pasteurella pseudotuberculosis* im Kot stellen, häufig jedoch erst nach einer Sektion und bakteriologischer Untersuchung von Organproben.

Obwohl eine antibiotische Behandlung sehr häufig erfolgreich ist, sollte man sehr vorsichtig abwägen, ob eine Therapie sinnvoll ist oder nicht, da die Pseudotuberkulose eine Zoonose ist und in seltenen Fällen zu Erkrankungen beim Menschen führt. Die Humanmedizin kennt drei Formen der Pseudotuberkulose:

1. die septisch diffuse Form,
2. die appendizitäre Form,
3. die enteritische Form.

Meist tritt die Pseudotuberkulose in der appendizitären Form oder als Lymphadenitis mesenterialis acuta auf. Diese Form geht mit allen Zeichen einer akuten Appendizitis einher, wodurch es nicht selten zur Eröffnung der Bauchhöhle kommt, bei der ein intakter Appendix vorgefunden wird. Im Falle der Pseudotuberkulose fallen jedoch hier die stark geschwollenen Mesenteriallymphknoten auf.

■ **Tularemie**

Eine weitere Zoonose, die von Nagetieren auf den Menschen übertragen wird, ist die durch *Pasteurella tularensis* hervorgerufene Tularemie. Die Übertragung des Erregers von Tier zu Tier erfolgt durch blutsaugende Insekten oder durch Direktkontakt. Die Übertragung auf den Menschen erfolgt durch die orale Aufnahme des Erregers durch nicht genügend gegartes Kaninchenfleisch.

Die Erkrankung verläuft beim Kaninchen mit undeutlichen Symptomen. Häufig werden die Tiere schlapp, manche haben Krämpfe, die Lymphknoten schwellen stark an. Im Endstadium werden die Kaninchen komatös und sterben. Der Erregernachweis erfolgt mit Hilfe der »bunten Reihe« oder des Meerschweinchenversuchs, beim Menschen sind auch Hauttests (Tularinreaktion) bekannt. Da die Tularemie eine Zoonose ist, wird keine Therapie durchgeführt.

■ Tuberkulose

Durch verschiedene Mykobakterien, in der Mehrzahl der Fälle *Mycobacterium bovis,* wird beim Kaninchen die Tuberkulose hervorgerufen. Die Tuberkulose spielt wegen des sehr starken Rückgangs der Erkrankung beim Menschen auch beim Kaninchen nur noch eine untergeordnete Rolle. Die Infektion erfolgt über die Lunge oder über den Magen-Darmtrakt. Die Symptome sind wenig typisch, das Hauptsymptom ist eine langsame Abmagerung. Bei der Kaninchentuberkulose wird selbstverständlich keine Therapie durchgeführt, jedoch sollten sich alle Kontaktpersonen einer eingehenden ärztlichen Untersuchung unterziehen.

■ Toxoplasmose

Die durch *Toxoplasma gondii* hervorgerufene Toxoplasmose kommt beim Kaninchen durch die Aufnahme infektiöser Oozysten aus Katzenkot vor. Auch Infektionen über Nasensekret oder plazentare Übertragungen werden beobachtet. Die sichelförmigen intrazellulär liegenden Toxoplasmoseerreger verursachen die Bildung sogenannter Pseudozysten. Bei der Sektion finden sich charakteristische multiple Nekroseherde in den Lymphknoten der Leber sowie in Milz, Lunge und Herz. Die Toxoplasmose kann einen chronischen und einen akuten Verlauf nehmen. Bei akuten Verlauf zeigen vor allem junge Kaninchen plötzliche Abmagerung mit blassen Schleimhäuten und serösem oder seropurulentem Nasenausfluß. Die Tiere magern ab, bekommen Durchfall. Auch eine Paralyse der Hinterextremitäten kann auftreten. Beim akuten Verlauf sterben die Tiere 2–8 Tage nach Auftreten der ersten Symptome.

Da eine sichere Therapie nicht bekannt ist, sollte von einer Behandlung Abstand genommen werden. Zoonose!

■ Salmonellose

Erreger der Salmonellose ist *Salmonella typhimurium.* Die Salmonellose ist beim Kaninchen selten, dennoch kommen plötzliche Todesfälle nach Durchfällen vor, trächtige Tiere abortieren, nach dem Abort sterben sie häufig. Sollten die Tiere die Infektion überleben, bleiben sie steril. Die Diagnose wird mittels einer bakteriologischen Untersuchung gestellt, bei der gleichzeitig ein Antibiogramm angefertigt werden sollte. Antibiotika über einen Zeitraum von 8–10 Tagen haben guten therapeutischen Erfolg. Es können jedoch klinisch gesunde Ausscheider zurückbleiben, die durch eine bakteriologische Kotuntersuchung ausfindig gemacht werden können. Diese Tiere sollten getötet werden. Zoonose!

■ Zubildungen

Bei weiblichen Kaninchen werden Adenokarzinome des Uterus und Karzinome der Milchdrüsen beobachtet. Da die einzige Therapie in beiden Fällen die chirurgische Therapie ist, die Tumoren jedoch Metastasen in der Lunge bilden können, sollten vor der Operation Röntgenaufnahmen der Lunge angefertigt werden, um ausschließen zu können, daß sich bereits Metastasen gebildet haben.

Es wird empfohlen, weibliche Kaninchen, die nicht zur Zucht verwendet werden sollen, frühzeitig zu kastrieren. Die Kastration schützt sowohl vor Uterusadenokarzinom als auch vor dem Karzinom der Milchdrüsen.

2.7 Literatur

BARANDUM, G., & D. PALMER, 1982: Epiphora beim Zwergkaninchen. Tierärztliche Praxis **10,** 403—410.

BORGMANN, R. F., & F. H. HASELDEN, 1971: Cholelithiasis in Rabbits. Am. J. V. Res. **32,** 3, 427—431.

BORGMANN, R. F., & F. H. HASELDEN, 1969: Cholelithiasis in Rabbits. Am. J. Vet. Res. **30,** 11, 1979—1984.

COWL-WITHNEY, J., 1977: Diseases of the commercial rabbit. Veterinary Record 101, 299—302.

DAVIS, N. L., & TH. I. MALININ, 1974: Rabbit Intubation and Halothane Anesthesia. Laboratory Animal Science **24,** 4, 617—621.

DIEKMANN, W., 1969: Die Myxomatose der Kaninchen. Deutsche Tierärztliche Wochenschrift **9,** 245—249.

FEHR, M., 1984: Augenanomalien beim Zwergkaninchen, Kleintierpraxis **29,** 129—132.

FLATT, R. E., & S. J. JACKSON, 1970: Renal nosematosis in Young Rabbits. Path. vet. 7, 492—497.

FRANCZUSKI, D., 1980: Ein Beitrag zur Kurznarkose beim Kaninchen, Kleintierpraxis **25,** 175—178.

GABRISCH, K., & P. ZWART, 1985: Krankheiten der Heimtiere. Schlütersche Verlagsanstalt.

GIACOMO, DI R. F., L. E. GARLINGHOUSE, & G. L. VAN HOOSIER, 1983: Natural History of infection with *Pasteurella multocida* in rabbits. JAVMA **183,** 11, 1172—1175.

GILLET, N. A., D. K. BROOKS, & P. C. TILLMANN, 1983: Medical a surgical management of gastric obstruction from a hairball in the rabbit. JAVMA **183,** 11, 1176—1178.

HOOGSTRAL, H., & P.-C. MOREL, 1970: Haemaphysalis (Rhipistoma) Hispanica Gil Collado. The Journal of Parasitology **56,** 4, 813.

ISENBÜGEL E., & W. PRANK, 1985: Heimtierkrankheiten. Stuttgart E. Ulmer.

LIEBENBERG, ST. P., & V. M. BADGER, 1984: Supurative oeteomyelitis in the foot of a rabbit. JAVMA **185,** 11, 1382.

LÖLIGER, H.-CHR., 1969: Die akuten Dysenterien der Jungkaninchen, Deutsche Tierärztliche Wochenschrift **1,** 16—19.

LÖLIGER, H.-CHR., 1969: Die akuten Dysenterien der Jungkaninchen, Deutsche Tierärztliche Wochenschrift **2,** 38—41.

LÖLIGER, H.-CHR., S. MATTHES & B. LIESS, 1989: Über das Auftreten einer infektiösen hämorrhagischen Erkrankung bei Hauskaninchen in der Bundesrepublik Deutschland, Tierärztliche Umschau **44,** 22–25.

MOE, L., 1985: Hypokalzämische Tetanie eines laktierenden Kaninchens. Kleintierpraxis **31,** 381—382.

RADTKE, W., & H. LISTEMANN, 1975: Trichophytieübertragung von einem Kaninchen auf den Menschen. Castellania **3,** (1), 13—115.

RAPSON, W. S., & T. C. JONES, 1964: Restraint of Rabbits by Hypnosis. Laboratory Animal Care **14,** Nr. 2.

RUSSEL, R. J., 1980: Diseases of Rabbits. Armed Forces Institute of Pathology, S. 2—5.

SCHLEY, P., 1974: Kaninchenmilch-Zusammensetzung und Probeentnahme. Deutsche Tierärztliche Wochenschrift, BMTW **9,** 171—173.

STAR, E. G., 1979: Die endotracheale Intubation von Kaninchen unter Xylazin und Ketamin. Experimental Medicine **176,** 1—6.

STRACK, L. E., & H. M. KAPLAN, 1968: Fentanyl and Droperidol for Surgical Anesthesia of Rabbits. JAVMA **153,** 822—825.

WHITE, G. L., 1976: A Comparison of Ketamine and the combination Ketamine-Xylazine for effective surgical anesthesia in the rabbit. Laboratory Animal Science **26,** 5, 804—806.

WHITNEY, J. C., 1974: Treatment of enteric diseases in the rabbit, The Veterinary Record **7,** 1803–1804.

3 Hamster

3.1 Allgemeines und Biologie

Der Hamster gehört zu den Mäuseartigen *(Muruidea)*. Bei diesen gehört er zur Familie der Wühler *(Cricetidae)*. Die meisten Arten der Wühlerfamilie verzehren Pflanzen und wirbellose Tiere. In der freien Natur werden die Wühler nicht älter als 2 Jahre. Bei den Hamstern, die mit 5 Fingern und mit 5 Zehen ausgestattet sind und Backentaschen haben, die als Nahrungsspeicher dienen, unterscheiden wir 7 Gattungen: den mausartigen Berghamster, den kurzschwänzigen Zwerghamster mit zwei Unterarten, den Dshungarischen Zwerghamster und den Roborowski-Zwerghamster. Wir unterscheiden weiter den Eversmann-Zwerghamster und den Mongolischen Zwerghamster. Weiterhin gibt es den grauen Zwerghamster, dessen Gattung sich unterteilt in Daurische Zwerghamster und Chinesische Zwerghamster. Es gibt den Langschwanzzwerghamster, den Grauen Zwerghamster, den Tibetanischen Zwerghamster und als größten aller Zwerghamster, den Rattenartigen Zwerghamster, ferner den Feldhamster und den Syrischen Goldhamster *(Mesocricetus auratus)*.

Obwohl alle diese Hamsterarten auch als Haustiere gehalten werden, spielt der Goldhamster als Heimtier die größte Rolle.

Der in Mittel- und Osteuropa lebende Feldhamster wird zwischen 25 und 35 cm lang und kann mehr als 500 g wiegen. Durch seine Vorratshaltung hat der Hamster schon frühzeitig die Aufmerksamkeit der Menschen auf sich gezogen. Diese Eigenschaft wurde sogar sprichwörtlich für menschliches Verhalten: ›Hamstern‹ oder ›Hamsterkäufe‹. Der Feldhamster kann wirklich Unglaubliches hamstern; So beschreibt GRZIMEK in ›Grzimeks Tierleben‹, daß sich die Bewohner der Magdeburger Börde heute aus bewohnten Hamsterbauten ›zentnerweise Körner für ihre Hühner‹ ausgraben, und daß arbeitslose Männer in mehr als 2 m Tiefe einen Rucksack voll Weizenkörner ›ernteten‹. Der Hamster lebt jedoch nicht nur auf Getreidefeldern, sondern auch in Grünfutterfeldern. Im allgemei-

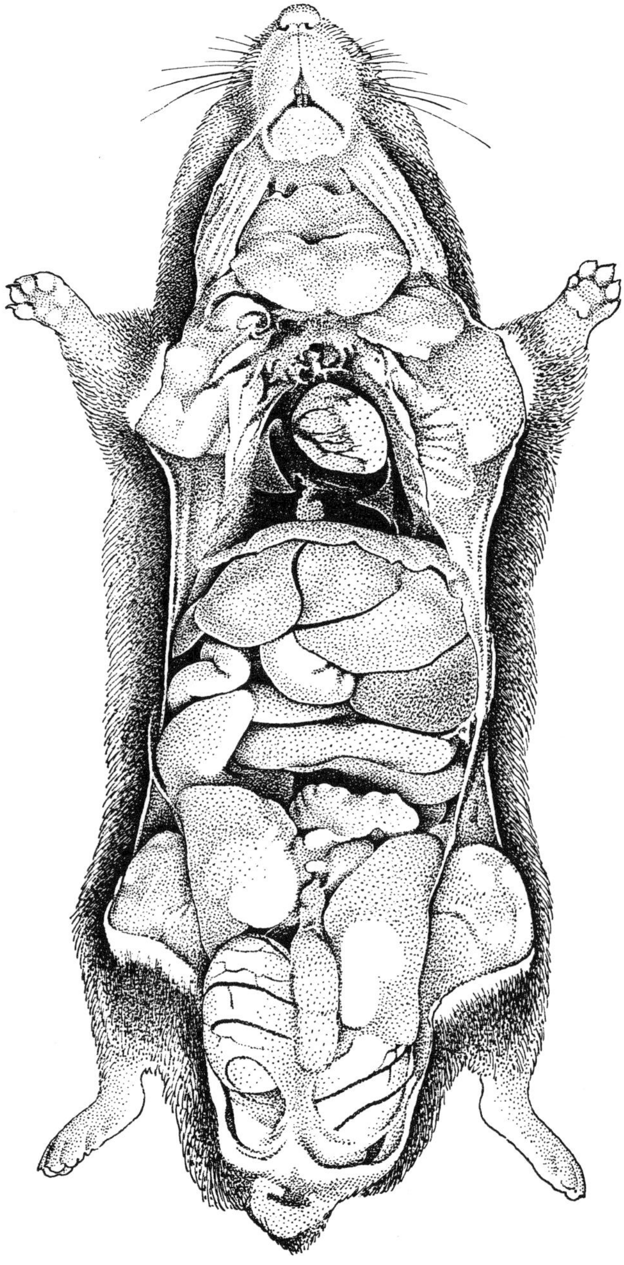

Abb. 17: Situs Hamster

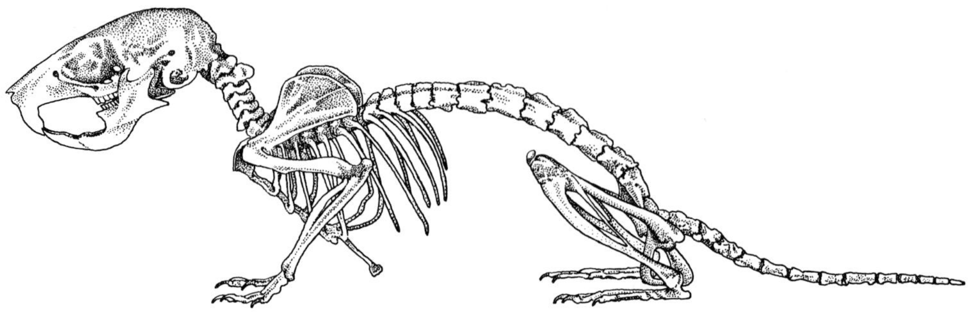

Abb. 18: Skelett Chinesischer Streifenhamster

nen findet man ihn in der Ebene bis ungefähr 400 m Höhe, in Ausnahmefällen sind Hamster auch schon in 600 m über dem Meeresspiegel gefunden worden. Der Hamster ist ein Dämmerungstier, das überwiegend in den Morgen- und Abendstunden aktiv ist. Er lebt in unterschiedlich tiefen und verzweigten Erdbauten. Jeder Hamster legt während seines Lebens verschiedene Bauten an, deren Röhren sich meistens in 50 cm Tiefe unter dem Erdboden bewegen. Lediglich die Winterbauten, die dem Überstehen der kalten Jahreszeit dienen, sind 2 m tief. In diese Bauten zieht sich der Hamster im Spätherbst zurück und verstopft die Zugänge mit Erde. Seine Körpertemperatur sinkt mit der Umgebungstemperatur von 32 °C auf etwa 4 °C. Nun fällt er in einen Winterschlaf, der einmal in der Woche unterbrochen wird. Der Hamster erwacht und ernährt sich von den im Herbst angelegten Vorräten. Um seinen Bau sauber zu halten, hat er eine Stelle am Ende der Höhle angelegt, an der der Hamster während der Wachzeiten Kot absetzt. Mit zunehmender Erdtemperatur werden im Frühjahr die Schlafperioden immer kürzer, bis der Hamster völlig erwacht. Die Paarungszeit des Hamsters beginnt in freier Natur im April. Hierbei ergreifen die männlichen Tiere von den Höhlen der weiblichen Tiere Besitz, indem sie die Umgebung mit einem Duftstoff aus ihren Flankendrüsen markieren. Nach einen langen Vorspiel kommt es im Nestbau des Weibchens zur Paarung. Nach einer Trächtigkeit von 18–20 Tagen werden 4–12, sogar bis zu 18 Junge geboren. Da weibliche Tiere nur 8 Zitzen haben, werden die überzähligen Tiere eines Wurfs von der Mutter totgebissen. Das Geburtsgewicht der Tiere beträgt 7–8 g, die Tiere sind nackt und blind, dennoch haben sie mit der Geburt fertig entwickelte Schneidezähne. Mit 3 Wochen werden die Tiere von der Mutter abgesetzt und sind dann selbständig lebensfähig.

Der **Syrische Goldhamster** *(Mesocricetus auratus)* ist zur Zeit das beliebteste Heimtier. Dieses ist um so erstaunlicher, da die Goldhamster erst in den dreißiger Jahren nach England und Amerika gelangten und erst nach 1945 mit den amerikanischen Soldaten nach Deutschland kamen. Erst 1839 war er in Aleppo (Syrien) entdeckt worden. Der Goldhamster ist kleiner als der Feldhamster, er wird nur 17–18 cm lang, sein Gewicht beträgt bis zu 130 g. Die Tragzeit beträgt 16 Tage und ist damit extrem kurz. Die weiblichen Tiere können 7- bis 8mal im Jahr 6–12 Junge gebären, die ihrerseits nach 10 Wochen geschlechtsreif sind. Wiederentdeckt wurde der Goldhamster erst 1930, als es Prof. I. AHARONY von der Universität Jerusalem gelang, in der Nähe von Aleppo aus einem über 2 1/2 m tiefen Bau ein Weibchen mit 12 Jungen auszugraben. Aus diesem ›Stamm‹ züchtete das Ehepaar AHARONY Hunderte von Nachkommen. Da bisher nichts über einen weiteren Fang eines syrischen Goldhamsters und seine Zuchtverwendung geschrieben worden ist, muß davon ausgegangen werden, daß die Millionen Goldhamster, die in Haushalten der ganzen Welt leben, von diesem Stamm des Ehepaares AHARONY abstammen.

Wegen der sehr leichten Reproduzierbarkeit bei einem kurzen Lebenszyklus ist der Goldhamster nach Maus und Ratte das meist verwendete Laboratoriumstier. Ein weiterer Grund für seine Beliebtheit ist, daß Spontanerkrankungen nur sehr selten auftreten. Er läßt sich jedoch zu Forschungszwecken sehr leicht mit Krankheiten infizieren. So sind einige, sonst wirtsspezifische Krankheiten auch auf den Hamster zu übertragen. So kann man z. B. die TME (Transmissible Mink Encephalopathy) auf den Hamster ebenso übertragen wie die beim Menschen vorkommende Form dieser Erkrankung, die Creutzfeld-Jakob-Erkrankung, so daß sich diese sehr eng miteinander verwandten Viruserkrankungen in einem einzigen Tier miteinander vergleichen lassen. Die Ursache hierfür liegt in der Tatsache, daß der Hamster ein von anderen Tierarten unterschiedliches Immunsystem hat. So ist er nicht in der Lage, auf bestimmte Antigene zu reagieren.

Der Verdauungstrakt des Syrischen Goldhamsters unterscheidet sich von dem vieler anderer Nagetiere. Das Ende der Speiseröhre liegt vor einem drüsenlosen Vormagen und einem Magen, der Drüsen aufweist. Die Nahrung gelangt zunächst in den Vormagen, wo sie durch Säure und Mikroorganismen fermentiert wird.

Man hat vom Goldhamster ursprünglicher Färbung einige farbliche Varianten rein weitergezüchtet. Hierzu gehören Scheckenhamster, Russenhamster, beigefarbene, schwarze, graue und blaue Hamster sowie Albinos.

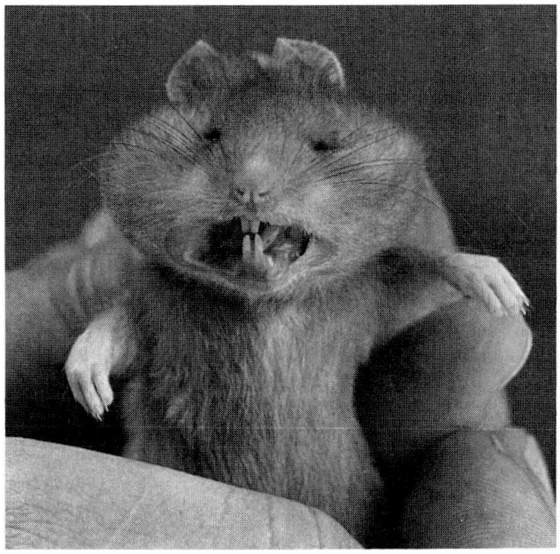

Abb. 19: Hamster mit vollen Backentaschen

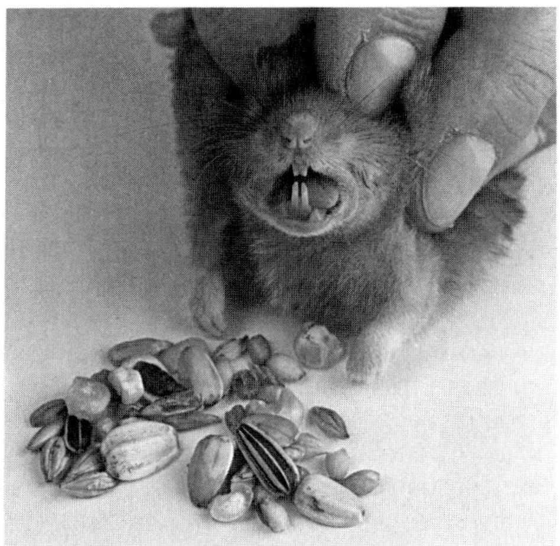

Abb. 20: Derselbe Hamster nach Entleerung der Backentaschen

3.2 Haltung und Fütterung

■ Haltung

Goldhamster sind dämmerungsaktive Tiere, das bedeutet, daß sie erst am Abend richtig munter werden. Dieser Umstand ist bei der Anschaffung eines Goldhamsters unbedingt zu berücksichtigen. Während der hellen Tagesstunden lebt der Hamster zurückgezogen in seinem Bau und schläft. Die beste Umgebungstemperatur für den Goldhamster liegt zwischen 21 °C und 25 °C. Bei Temperaturen von unterhalb 10 °C fallen die Hamster in Winterschlaf.

Hamster brauchen einen sehr stabilen Drahtkäfig, da sie sich durch alle anderen

Materialien hindurchnagen. Die Drahtstäbe sollten horizontal liegen, damit die Tiere in ihrem Käfig herumklettern können. Da die Tiere Einzelgänger sind und sich paarweise oft nicht sehr gut verstehen, wird eine Einzelhaltung empfohlen. Es genügen Käfige mit einer Größe von 25 cm Länge, 25 cm Tiefe und 20 cm Höhe. Als Höhlenbewohner lieben die Hamster eine Schlafbox, die mit Zellstoff ausgefüllt sein sollte, damit die Tiere sich darin vergraben können. Um dem Hamster in seinem Käfig die nötige Bewegungsmöglichkeit zu verschaffen, ist ein Laufrad erforderlich.

Man kann den Hamster auch in einem Terrarium halten. Man muß ihm dann jedoch durch Äste ausreichende Klettermöglichkeiten verschaffen. Über das Terrarium ist Maschendraht zu decken, damit der Hamster nicht durch Sprünge entweichen kann.

Wenn dem Goldhamster zur Befriedigung seines Bewegungsdranges Freilauf gewährt wird, muß er unbedingt stets unter Beobachtung sein. Goldhamster nagen sich nicht nur durch Wäsche und Bücher hindurch, sondern auch sehr leicht in Polstermöbel hinein, aus denen sie dann nicht wieder hervorkommen.

Streifenhamster bewegen sich in der Natur wesentlich mehr als Goldhamster und benötigen daher auch wesentlich mehr Bewegungsfreiheit. Die Käfige des Chinesischen Streifenhamsters sollten daher größer sein und müssen mehr Klettermöglichkeiten aufweisen als die des Goldhamsters.

■ Zucht

Da sich gemeinsam gehaltene Hamster untereinander meist nicht sehr gut vertragen, muß diesem Umstand bei der Hamsterzucht Rechnung getragen werden. Man rechnet bei der Hamsterzucht fünf weibliche Tiere auf ein männliches Tier, wobei jedes Tier seinen eigenen Zuchtkäfig erhält. Die Käfige mit den weiblichen Tieren werden im Kreis um den Käfig mit dem Hamsterbock angeordnet. Vom Käfig des Bocks führt zu jedem Käfig mit den weiblichen Tieren eine Verbindungsröhre. Der Durchmesser muß so beschaffen sein, daß der Hamsterbock bequem hindurchkommt (∅ 4 cm). Die weiblichen Tiere bekommen Kunststoffhalskragen, deren Durchmesser größer ist als der Innendurchmesser der Verbindungsröhre, so daß lediglich der Bock von einem Käfig zum anderen gelangen kann, die weiblichen Tiere jedoch ihren Käfig nicht verlassen können. Auf diese Art und Weise ist gewährleistet, daß es keine Beißereien unter den Tieren gibt. Tragende Tiere kommen zum Werfen in einen Extrakäfig. Das weibliche Tier trägt etwa 18 Tage und wirft dann bis zu 10 oder 12 Junge, die blind und nackt auf die Welt kommen.

Ein Hamsterbaby wiegt bei der Geburt 2–3 g. Es ist nackt und hat verschlossene Augen und Ohren. Die Zähne sind schon bei der Geburt entwickelt. Die Tiere öffnen etwa am 5. Tag die Ohren und am 15. Tag die Augen. Bis zum Alter von 21 Tagen, in dem man sie von der Mutter trennen kann, wiegen sie 35–40 g. Nach 6–8 Wochen sind sie geschlechtsreif.

Sobald die kleinen Hamster ihre Augen geöffnet haben, beginnen sie ihre Umgebung zu erforschen. Immer wieder werden sie hierbei von ihrer Mutter ins Nest zurückgetragen. Die Hamster erkennen einander am Geruch. Männliche und weibliche Tiere besitzen in den Flanken Drüsen, die ein fettiges Sekret absondern. Bei den männlichen Tieren sind diese Drüsen größer. Das Fettsekret dient der Geruchskennzeichnung des Reviers. Der männliche Hamster streicht mit diesen Drüsen an Gräsern und Ästen seines Reviers vorbei, um den Inhalt der Talgdrüsen anzuheften. Er reibt sich auch selbst mit den Drüsensekret ein, um seinen spezifischen Geruch so über den ganzen Körper zu verteilen.

Während der Aufzucht der Jungen sollte die Auspolsterung der Wohnhöhle nicht gewechselt werden, ihr Geruch ist der erste ›Heimeindruck‹ für die jungen Hamster.

■ Fütterung

Bei der professionellen Haltung von Hamstern werden die Tiere mit Ratten- oder Mäusefutter gefüttert. Dieses Futter enthält 16–24 % Protein, ca. 60 % Kohlenhydrate und 5 % Fett. Hamster benötigen von diesem Futter zwischen 5 und 7 g bei 100 g Körpergewicht.

Wird der Hamster als Heimtier gehalten, kann man das im Handel erhältliche Hamsterfutter geben. Dieses Hamsterfutter kann mit Obst, Gemüse, Löwenzahn und anderen Kräutern, auch mit Salat, angereichert und ergänzt werden. Rohes Fleisch mögen Hamster sehr gerne, sie sollten Muskelfleisch jedoch nicht öfter als 1- bis 2mal pro Woche in kleinen Dosen erhalten. Ein Trinkröhrchen mit frischem Wasser muß ständig zur Verfügung stehen. Wegen der Eigenart des Hamsters, Futter im Bau zu horten, muß das Schlafhäuschen von Zeit zu Zeit auf Futterreste kontrolliert werden. Körnervorräte können im Häuschen belassen werden, während Obst und andere verderbliche Nahrungsmittel aus dem Vorratsraum zu entfernen sind, um Schimmelbildung und Fäulnis vorzubeugen.

3.3 Physiologische Daten

Körperinnentemperatur	37,5–38,5 °C
Atemfrequenz	33–127/min
Puls	280–412/min
Geschlechtsreife männl.	6–8 Wochen
Geschlechtsreife weibl.	8–12 Wochen
Trächtigkeitsdauer	15–18 Tage
Wurfgröße	4–12 Junge
Lebenserwartung	2–3 Jahre
Blutwerte	
Hämoglobin	16 gm/dl
Hämatokrit	40–50 %
Erythrozyten	7,5–10^6/mm^3
Leukozyten	7,6–10^3/mm^3
Differentialblutbild	
Lymphozyten	75 %
Monozyten	3 %
Neutrophile	30 %
Eosinophile	1 %
Basophile	1 %
Bilirubin	0,5 mg/100 ml
Glukose	120 mg/100 ml
Kreatinin	0,5–0,6 mg/100 ml

3.4 Allgemeine und spezielle Untersuchung

Eine Empfehlung für den allgemeinen Untersuchungsgang finden Sie in Kapitel 7.1.

■ Geschlechtsdifferenzierung

Beim erwachsenen männlichen Hamster lassen sich die relativ großen Hoden gut erkennen. Bei neugeborenen oder sehr jungen Hamstern kann man das Geschlecht am sichersten erkennen, indem man die Größe des Abstandes zwischen Anus und Geschlechtsöffnung betrachtet. Beim männlichen Tier ist der Abstand zwischen Anal- und Genitalregion größer als beim weiblichen Tier.

■ Zwangsmaßnahmen

Hamster sind friedliche Tiere. Durch sorgfältige Auslese hat man von jeher bissige

Tiere von der Zucht ausgeschlossen, da auch als Laboratoriumstiere friedliche und zahme Tiere bevorzugt werden. Beim Umgang mit dem Hamster ist jedoch zu berücksichtigen, daß er ein Nachttier ist und tagsüber schläft und inaktiv ist. Wird er zu dieser Zeit aus seiner Schlafhöhle geholt, so ist er schläfrig und verständlicherweise unleidlich. Auch ein neu gekaufter Hamster, der den ganzen Tag im grellen Licht in der Zoohandlung gesessen hat, ist verständlicherweise leichter reizbar als ein ausgeglichenes Tier. Unter normalen Haltungsbedingungen beruhigen sich die Tiere jedoch sehr schnell wieder und werden zahm. Zur Untersuchung lassen sie sich leicht in die Hand nehmen oder auf den Behandlungstisch setzen. Zwangsmaßnahmen sollten nach Möglichkeit vermieden werden. Sehr widerspenstige Tiere können mit Daumen und Zeigefinger unter den Unterkiefer gefaßt werden, während die Hintergliedmaßen von der anderen Hand gehalten werden. Normalerweise lassen die friedlichen Tiere jedoch alle Untersuchungen und auch subkutane Injektionen ohne Widerstand über sich ergehen.

Bissige Tiere, die man nicht anfassen möchte, kann man transportieren, indem man in den Käfig einen Becher hineinlegt. Der Hamster wird schnell in den Becher hineinkrabbeln und kann dann herausgehoben werden.

Die beste Methode, den Hamster anzufassen, ist, ihn mit der Hand um Kopf und Schulter zu greifen, wobei man sich mit der Hand vorsichtig von hinten dem Tier nähert. Eine andere Methode besteht darin, sich mit der Hand vorsichtig dem Hamster zu nähern und mit den Fingern das Nackenfell zu greifen. Man kann den Hamster so am Nackenfell hochziehen und dreht dann die Hand herum, so daß der Hamster in der Hand auf dem Rücken liegt. Es ist wichtig, daß der Hamster beim Greifen nicht erschreckt wird.

■ Blutentnahme

Die Herzpunktion sollte zur Methode der Blutentnahme nur von Geübten angewendet werden und hier auch nur am narkotisierten Tier. Die Gefahr einer tödlichen Herzbeuteltamponade ist groß. Einfacher erlernbar und ungefährlicher ist die Technik der Blutentnahme aus dem Plexus venosus orbitalis. Auch hierbei sollte das Tier betäubt sein. Der Kopf wird zwischen Daumen und Zeigefinger gehalten, wobei der Daumen unmittelbar hinter dem Unterkiefer die Jugularvene durch Druck staut, während der Zeigefinger das obere Augenlid zurückzieht und durch Druck einen leichten Exophthalmus hervorruft. Mit einem Kapillarröhrchen kann man nun am vorderen Lidwinkel den venösen Orbitalsinus verletzen. Nach Zerreißen der Blutgefäße steigt Blut im Kapillarröhrchen auf. Nach dem Abnehmen des Kapillarröhrchens und dem Wegfall des Staus der *Vena jugularis* hört die Blutung auf.

Eine weitere Methode zur Blutentnahme ist die Blutentnahme aus der Schwanzspitze. Diese Art der Blutentnahme ist die einfachste, wird jedoch häufig auf den Widerstand der Tierbesitzer stoßen. Es wird mit einer Schere an der Spitze des Schwanzes ein kleiner Scherenschlag ausgeführt. Auch bei dieser Art der Blutentnahme empfiehlt sich die Anwendung eines Kapillarröhrchens, da die Blutungen sehr schnell durch Blutgerinnung zum Stillstand kommen.

Kleine Blutmengen können auch durch Schneiden der Fußnägel in Nagelbettnähe erhalten werden.

■ Urin-, Kot- und Hautuntersuchung

Eine genaue Beschreibung der Untersuchungen finden Sie im Kapitel 1.4 »Meerschweinchen«.

■ Röntgenuntersuchung

Belichtungsdauer und Belichtungsstärke für Röntgenaufnahmen vom Hamster sind abhängig von der verwendeten Kassette sowie Belichtungs- und Entwicklungsart. Um die manuelle Fixation zu vermeiden und um keine störenden Bleihandschuhe auf der Röntgenaufnahme abzubilden, kann man den Hamster in einen kleinen Karton setzen.

3.5 Narkose

Für chirurgische Eingriffe hat sich in der Praxis die Injektionsnarkose mit Ketamin HCL und Xylazin bewährt. Hierfür werden 150 mg pro kg Körpergewicht Ketamin HCl und 5 mg pro kg Körpergewicht Xylazin in einer Mischspritze aufgezogen und injiziert. Bei der intramuskulären Injektion ist darauf zu achten, daß an einer Stelle jeweils nur kleine Mengen im Muskel deponiert werden, da es wegen der Winzigkeit der einzelnen Muskeln sehr leicht zu einer Verletzung von Muskeln und den hindurchlaufenden Nervensträngen kommen kann. Nach ungefähr 3 min liegt das Tier in Seitenlage und nach ungefähr 6–8 min kann ein chirurgischer Eingriff durchgeführt werden. Die Wirkungsdauer beträgt ungefähr 30 min, die Nachschlafdauer ca. 4 Stunden. Für diese Art der Narkose ist eine vagolytische Prämedikation mit Atropin nicht erforderlich, kann jedoch mit 0,5 mg pro kg Körpergewicht subkutan unterstützend durchgeführt werden.

Eine weitere Möglichkeit ist die Kombination von Ketamin HCl und Nembutal. Hierfür werden 150 mg Ketamin pro kg Körpergewicht und 50 mg Nembutal pro kg Körpergewicht intramuskulär injiziert. Bei dieser Art der Allgemeinanästhesie ist jedoch darauf zu achten, daß die Tiere nicht zu stark auskühlen, sie sind während der Aufwachphase unter die Rotlichtlampe zu legen. Für die, unter Praxisbedingungen allerdings weniger zu empfehlende, Inhalationsnarkose verwendet man mit Gaze oder Mull ausgelegte Masken, die man mit Halothan betropft und dem Hamster über Mund und Nase stülpt. Hierbei ist darauf zu achten, daß die mit Halothan getränkte Watte nicht die Nasenschleimhaut des Hamsters berührt, um Hautreaktionen zu verhindern. Die Narkosetiefe wird gesteuert durch Abnehmen der Maske, um die Konzentration des eingeatmeten Luftgemischs zu verringern. Bei dieser Form der Narkose ist eine vagolytische Prämedikation mit Atropin 0,5 mg pro kg Körpergewicht durchzuführen.

Für Laboratoriumstiere gibt es spezielle Inhalationsnarkoseapparate und Tracheotuben, die aber wegen des hohen Preises in der tierärztlichen Praxis kaum Verwendung finden dürften.

Eine weitere Möglichkeit der Narkose ist die kombinierte Anwendung mit Ketamin mit Methoxyflurane (Penthrane®). Bei dieser Art der Narkose wird der Hamster nach einer Injektion von 150 mg pro kg Körpergewicht Ketamin in einen Behälter gesetzt, in dem ein mit Methoxyfluran getränkter Tupfer liegt. Tiefe und Dauer der Narkose können mit Hilfe des methoxyflurangetränkten Tupfers sehr leicht gesteuert werden. Da bei dieser Narkose die Speichelbildung nicht sehr stark ausgeprägt ist, kann auf eine Prämedikation mit Atropin verzichtet werden.

Während der Aufwachphase ist der Hamster sehr anfällig für Temperaturverlust. Er muß daher nach dem erfolgten chirurgischen Eingriff unter einer Infrarotlampe oder auf einer Wärmflasche gelagert werden, wobei die Körperinnentemperatur des Patienten bis zum Erreichen von 38 °C kontrolliert werden muß.

3.6 Organerkrankungen

3.6.1 Hauterkrankungen

Hautkrankheiten sind oft der Grund für das Vorstellen von Goldhamstern in der Praxis.

■ Bißverletzungen

Hamster sind, wie erwähnt, Einzelgänger, die sich mit Partnern oft nicht gut verstehen. So kommt es immer wieder zu heftigen Beißereien, wenn aus Unwissenheit Hamster in Gruppen zusammengesetzt werden.

Die hierbei auftretenden Bißverletzungen sind häufig infiziert. Hier ist nach sorgfältigem Reinigen der Wunde die lokale Anwendung von Antibiotika (Puder) nötig.

■ Flankendrüsen

Nicht selten werden Hamster in der Praxis vorgestellt mit einer ›Hauterkrankung‹, die sich durch dunkle Flecke in den Flanken äußert. Meist handelt es sich um besonders stark pigmentierte Flankendrüsen, eine Therapie ist hier völlig unangebracht, da keine Erkrankung vorliegt.

■ Verstopfung oder Verletzung der Backentaschen

Durch ungeeignetes Futter (Schokolade, klebrige Süßigkeiten) kann es zur Verstopfung der Backentaschen oder durch Spelzen und Grannen zu Verletzungen der Backentaschen kommen. In diesen Fällen sind die Backentaschen umzustülpen und zu leeren, anschließend zu desinfizieren und eventuell lokalantibiotisch zu behandeln. Wichtig ist bei all diesen therapeutischen Maßnahmen, den Hamster 24 Stunden ohne Futter zu lassen, um der Backenschleimhaut Gelegenheit zum Ausheilen zu geben.

■ Juckreiz

Bei Hauterkrankungen mit starkem Juckreiz sind Haut und Haare des Hamsters genau auf Ektoparasiten zu untersuchen. Die Untersuchung sollte mit einer Lupe erfolgen (s. auch Kapitel 1.4).

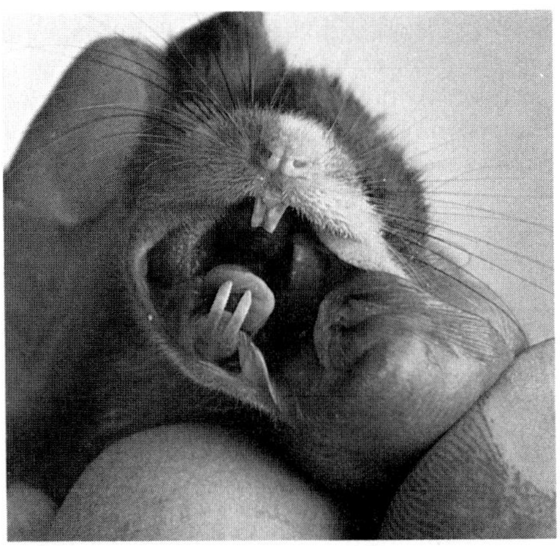

Abb. 21: Umgestülpte Backentasche

■ Alopezie

Alopezie kann beim Hamster nach langen Trockenfutterperioden (Winter) auftreten und verschwindet nach Grünfütterung im Frühjahr sehr rasch. Dabei handelt es sich um eine Mangelerkrankung. Der Mangelstoff ist nicht genau geklärt. Es ist ratsam, im Sommer etwas Grünfutter einzufrieren, um es dem Hamster im Winter anbieten zu können und so das Auftreten der Mangelerkrankung zu vermeiden.

Werden bei dem mit Juckreiz vorgestellten Hamster bei einer sorgfältigen Untersuchung der Haut und der Haare mit der Lupe keine Ektoparasiten gefunden, so ist ein Hautgeschabsel (s. Kapitel 1.4) zu untersuchen.

■ Ektoparasiten

□ Milben

Demodex criceti und *Demodex aurati* kommen beim Hamster als Erreger der **Demodekose** vor. Wie beim Hund, so ist auch beim Hamster die Demodekose eine Faktorenerkrankung, das heißt, das Vorhandensein der Demodexmilben allein reicht nicht aus, um eine klinisch manifeste Krankheit zu zeigen, es müssen vielmehr noch Mangelerkrankungen oder hygienische Mängel dazukommen, um ähnlich wie bei Pilzkrankheiten zu einer Erkrankung zu führen. Die Demodekose des Hamsters verläuft ohne Juckreiz, lediglich mit Schuppen- und Schorfbildungen auf der Haut. Die Therapie erfolgt mit Neguvon oder Cyflee. Zur Dosierung vgl. Kap. 7.2.

Bei der von *Notoedres cati* hervorgerufenen **Notoedresräude** treten an den Ohren, der Schnauze und an den Backen sowie an den Extremitäten und der Afterregion borkig-mehlige Hautbeläge auf. Die Haare fallen aus und die Tiere werden von einem starken Juckreiz gequält. Durch Kratzen kommt es zu Verletzungen der Hautoberfläche, was wiederum zu Infektionen führt. Durch zunehmende Auszehrung sterben die Hamster 2–3 Monate nach dem ersten Auftreten der Symptome. Im Hautgeschabsel (Kapitel 1.4) sind die Notoedresmilben unter dem Mikroskop bei mittlerer Vergrößerung deutlich zu sehen. Die Notoedresräude des Hamsters ist stark ansteckend, männliche Tiere scheinen offenbar eher von der Krankheit befallen zu werden als weibliche Tiere. Der Erfolg einer Therapie ist zweifelhaft. Hexachlorcyclohexanpräparate (HCH) können therapeutisch versucht werden.

Die **Sarkoptesräude** wird hervorgerufen von der Sarkoptesmilbe, vermutlich durch *Sarcoptes anacanthos.* Diese vor allem bei Ratten vorkommende Milbe gehört zu den Grabmilben, sie bohren senkrechte Gänge in die Epidermis und ernähren sich von Säften der tieferen Oberhautschichten. Hautzellen, die von den Mundzellen der Milben nicht zerkleinert werden können, werden von einem Speicheldrüsensekret aufgelöst. Durch ihre Grabtätigkeit und Nahrungsaufnahme rufen die Sarkoptesmilben einen ungeheuren Juckreiz hervor. Die Tiere kratzen sich sehr stark, wodurch es zu Verletzungen der Haut kommt mit gleichzeitiger Einwanderung von Eitererregern. Aus den Pusteln werden Krusten und Borken, der gesamte Körper bekommt eine panzerartig harte Haut. Die Tiere stellen die Nahrungsaufnahme ein und sind sehr gereizt. Die Erkrankung endet nach 3–4 Wochen tödlich. Der Nachweis der Milben erfolgt mittels Hautgeschabsel. Die Therapie besteht in einem Bad in einer 0,5 %igen Alugan®-Lösung oder Neguvon® in einer Konzentration von 1,5 g/l Badewasser. Sind noch weitere Tiere im Bestand, müssen auch die nicht erkrankten Tiere in die Badebehandlung mit einbezogen werden. Das Baden ist nach einer Woche zu wiederholen. Gleichzeitig sollten die Ställe gründlich mit der Badelösung gereinigt werden und 3 Wochen (Lebenszeit der Milben) nicht mehr benutzt werden. Nach dem Bad müssen die Tiere unter der Rotlichtlampe getrocknet werden.

Ein weiterer Ektoparasit, der vor allem in Laboratoriumstierzuchten zu großen Schäden führt, ist die Tropische Rattenmilbe *(Ornithonyssus bacoti).* Diese Milben leben auf der Haut und rufen starken Juckreiz hervor. Die Milbe läßt sich mit bloßem Auge erkennen. Die Bekämpfung dieser Milbe erfolgt in einem Bad Alugan® 0,5 % oder durch Bestäuben mit Alugan®-Puder.

Läuse und Haarlinge finden sich sehr selten beim Hamster, sie lassen sich durch Kontaktgifte vernichten. Bewährt hat sich das Baden mit Alugan®-Lösung 5 %. Die Behandlung sollte zweimal mit einem Abstand von 8 Tagen durchgeführt werden, um eine Reinfektion durch ausschlüpfende Larven zu verhindern. Gleichzeitig mit der Behandlung der Tiere sollte bei jeder Ektoparasitenbehandlung auch der Käfig mit Alugan® oder Neguvon® eingesprüht werden.

In seltenen Fällen werden beim Hamster auch Hunde- und Katzenflöhe gefunden, dies jedoch ausschließlich bei gleichzeitiger Haltung von Hunden und Katzen in derselben Wohnung. Es kann davon ausgegangen werden, daß die Hunde- und Katzenflöhe sich dann nur vorübergehend auf dem Hamster aufhalten.

■ Dermatomykosen

Über Pilzerkrankungen beim Hamster liegen nur sehr wenige Mitteilungen vor. Beschrieben wird die Infektion mit *Trichophyton mentagrophytes.* Bei dieser Pilzerkrankung wird das Haarkleid schütter, die Haut wird trocken und es kommt zur Hyperkeratose, vor allem am Unterleib. Symptome zeigen sich in der Nabelgegend am stärksten. Therapeutisch können hier die aus der Humanmedizin bekannten lokalen Antimykotika eingesetzt werden (Canesten®-Lösung). Da Pilzerkrankungen häufig Faktorenerkrankungen sind, ist eine Überprüfung der Haltungs- und Fütterungsbedingungen angezeigt. Die Erkrankung mit *Trichophyton mentagrophytes* ist eine Zoonose, daher muß während der Therapie an die Hygiene im Umgang mit dem erkrankten Tier ein besonders hoher Anspruch gestellt werden. Hautkontakt (Schmusen) muß während dieser Zeit unterbleiben. In hartnäckigen Fällen 4 mg/100 g Körpergewicht Griseofulvin oral tägl. 1 Monat lang.

3.6.2 Herz- und Kreislauferkrankungen

Herz- und Kreislauferkrankungen sind selten in der Praxis zu beobachten und stellen fast immer einen Sektionsbefund dar. Therapieresistente Dyspnöen älterer Hamster haben sich in der Sektion oft als hypostatische Pneumonien als Folge einer Herzmuskelschwäche dargestellt.

3.6.3 Erkrankungen der Atmungsorgane

■ Pneumonie

Nach Durchfall ist ›Atemnot‹ die zweithäufigste Ursache für die Vorstellung eines Hamsters beim Tierarzt. Häufig handelt es sich lediglich um Rhinitis, die symptomatisch behandelt werden kann. Jedoch kommt es nicht selten zur Pneumonie, die mit Nasenausfluß, Augenausfluß, Abgeschlagenheit, Verweigerung der Nahrungsaufnahme sowie mit Atemnot einhergehen kann. Erreger der Pneumonien sind *Pasteurella pneumotropica* und *Streptococcus pneumoniae.* Weitere Erreger von Pneumonien sind das Pneumoniavirus of mice (PVM), ein Parmyxovirus, und das Sendayvirus. Die vorgenannten Bakterien und Viren finden sich ohne krankmachende Wirkung bei sehr vielen Hamstern. Man muß daher davon ausgehen, daß zusätzliche Faktoren für den Ausbruch einer Erkrankung erforderlich sind. Diese dürften am ehesten bei den Haltungsbedingungen zu finden sein. Streß, z. B. durch ständige Kämpfe mit anderen Hamstern, schlechte hygienische Bedingungen, Haltung bei zu niedrigen Temperaturen oder ein schlechter Ernährungszustand gehören zu den wichtigsten Faktoren. Es ist daher wichtig für die Therapie, ebenso wie für die Vorbeugung, daß solche Faktoren, die den Ausbruch einer Erkrankung fördern, ausgeschaltet werden. Therapeutisch wird Chloramphenicol in einer Dosierung von 5 mg pro 100 g Körpergewicht empfohlen.

3.6.4 Erkrankungen der Verdauungsorgane

■ Haarballen

Tricholiten (Haarballen) können bei langhaarigen Hamstern eine Todesursache darstellen. Daher sollte bei langhaarigen Hamstern, die mit dem Vorbericht Durchfall und Inappetenz vorgestellt werden, eine Röntgenaufnahme nach Eingabe von Bariumsulfat angefertigt werden. Bei gesicherter Diagnose kann lediglich eine Gastrotomie zur Entfernung des Haarballens durchgeführt werden. Als Präventivmaßnahme sollte besonders langhaarigen Tieren zweimal in der Woche etwas Honig in das Fell geschmiert werden, den die Tiere gerne ablecken. Die im Magen befindlichen Haare verkleben dann mit dem Honig und passieren so den Darm.

■ Polyzystie

Bei mehr als 50 % der Hamster, die älter sind als 1 Jahr, können bei der Sektion Zysten in der Leber gefunden werden. Die Zysten, die eine bernsteinfarbene Flüssigkeit beinhalten, variieren in der Größe sehr stark und gehen in nur ganz seltenen Fällen mit klinischen Erscheinungen einher. Da die Zysten nicht nur in der Leber gefunden werden, sondern in allen Organen anzutreffen sind, die Gangstrukturen aufweisen, wird vermutet, daß die Ursache für die Zysten in einer unphysiologischen Entwicklung der Gangstrukturen (Gallengänge, Pankreas) liegt.

■ Rektumprolaps

Durch Verstopfung oder Durchfälle kann es beim Hamster zu einem Rektumprolaps kommen. Bei rechtzeitiger Behandlung läßt sich dieser Prolaps fast immer problemlos reponieren, so daß eine Amputation vermieden werden kann. Von besonderer Bedeutung ist die Therapie der den Rektumprolaps verursachenden Obstipation oder Diarrhoe.

■ Enteritiden

Eine Enteritiserkrankung beim Hamster mit einer sehr hohen Erkrankungsrate

(20–60 %) und einer hohen Sterblichkeitsrate (annähernd 90 %) wird hervorgerufen durch eine Mischinfektion, bestehend aus *Echerichia coli* und *Campylobacter phetus.* Bei dieser Erkrankung kommt es zu wäßrigen Durchfällen und zum Tod der Tiere. Da auch andere bakterielle Infektionen wie Tyzzer's Disease und Salmonellose mit starkem Durchfall einhergehen, ist eine Differenzialdiagnose unter Praxisbedingungen kaum durchzuführen. Therapeutisch kann Neomycin und Tetracyclin versucht werden, die Prognose ist jedoch schlecht.

□ Salmonellose

Salmonella typhimurium ist als Erreger einer heftig verlaufenden, mit Durchfall und hoher Sterblichkeit verbundenen Salmonellose beschrieben worden. Auch hier ist die Differentialdiagnose unter Praxisbedingungen nur sehr schwer zu stellen, da der Tod der Tiere meist schneller eintritt, als die Untersuchungsergebnisse auf dem Tisch liegen. Therapeutisch kann Chleramphenicol 5 mg pro 100 g Körpergewicht subkutan eingesetzt werden. Falls eine Therapie durchgeführt werden soll und kann, so ist wegen der Gefahr der Übertragung der Salmonellose auf den Menschen unbedingt auf die besondere Ansteckungsgefahr hinzuweisen.

□ Tyzzer's Disease

Die durch *Bacillus piliformis* nach ihrem Erstbeschreiber ERNEST TYZZER benannte Tyzzer's Disease gehört ebenfalls zu den mit Durchfall und Darmentzündung einhergehenden bakteriellen Erkrankungen. Die erkrankten Tiere zeigen Durchfall, Dehydratation und Apathie und sterben innerhalb von 48 Stunden nach Auftreten der ersten Symptome. Das Auftreten der Tyzzer's Disease ist bei vielen Tierarten beschrieben, so auch bei Ratten, Meerschweinchen und Kaninchen. Wenngleich sich diese Erkrankung beim Hamster durch eine künstliche Infektion hervorrufen läßt, so gibt es bisher erst eine einzige Beschreibung eines spontan aufgetretenen Falles. Eine Ausbreitung der Erkrankung ist jedoch nicht auszuschließen, daher wurde diese Krankheit hier mit aufgeführt. Eine antibiotische Therapie mit 0,5 g/100 ml Tetracyclin ist nicht erfolgversprechend. Auch bei dieser Enteritisform wird die Differentialdiagnostik dem Spezialisten vorbehalten bleiben.

□ Wet-Tail-Disease (Kolibazillose)

Eine weitere bakterielle Infektion, die mit einer starken Enteritis einhergeht, ist die Wet-Tail-Disease oder Kolibazillose. Die Ätiologie dieser Erkrankung ist noch nicht vollständig geklärt, der Name ›Wet-Tail-‹ oder Naßschwanzkrankheit entspringt dem Hauptsymptom, dem durch wäßrigen Durchfall nassen Schwanz. Obwohl der Erreger, *Escherichia coli,* zur normalen Darmflora des Hamsters gehört, kann es durch Streßsituationen, Futterumstellungen oder andere belastende Faktoren besonders bei jungen Tieren zu einer übermäßigen Vermehrung der Bakterien kommen. Auch wenn die Heilungsaussichten gering sind, kann doch eine Therapie mit 0,3 g Tetracyclin pro 100 ml Trinkwasser oder 5 mg Chloramphenicol pro 100 g Körpergewicht subkutan versucht werden. Die Tiere sollten 24 Stunden lang lediglich Heu als Nahrung angeboten bekommen.

Bei allen vorgenannten, bakteriell bedingten Enteritiserkrankungen ist die Prognose ungünstig. Dies wird noch durch den Umstand verstärkt, daß die Tiere häufig nicht bereits bei ersten Krankheitssymptomen in der Praxis vorgestellt werden; oft ist eine geraume Zeit verstrichen. Die Tiere werden bei dem stürmischen Verlauf der Enteritiden erst im Endstadium in die Praxis gebracht. Um das Auftreten der Enteritiden weitgehend zu vermeiden, sollte man daher das Hauptaugenmerk auf eine hygienische und artgerechte Haltung der Hamster legen sowie auf eine einwandfreie Beschaffenheit des Futters. Es ist unbedingt darauf zu achten, daß in größeren Beständen neu zugekaufte Tiere während einer Quarantänezeit räumlich von den anderen Tieren getrennt zu halten sind. Wichtig ist hierbei, nicht nur auf die räumliche Trennung zu achten, sondern auch darauf, daß *beim Umgang mit den Tieren* (Fütterung, Käfigreinigung, Spiel) *stets zunächst die gesunden Tiere und dann erst die Tiere im Quarantänekäfig betreut werden.*

■ Endoparasiten

Durch Endoparasiten hervorgerufene Erkrankungen kommen beim Hamster selten vor. Es handelt sich hierbei meistens um Sektionsbefunde.

□ Protozoeninfektionen

Im Kotabstrich aller Hamster finden sich Protozoen, besonders *Trichomonas sp., Endamoeba muris, Girardia sp., Tritrichomonas muris, Tritrichomonas minuta* und *Chilomastix betencourti.* Da man Protozoen im Kot sowohl gesunder als auch erkrankter Hamster vorfindet, kann nicht davon ausgegangen werden, daß diese Protozoen eine pathogene Wirkung auf den Hamster haben. Es sei an dieser Stelle darauf hingewiesen, daß viele Protozoenarten ohne pathologisches Erscheinungsbild im Kot des Hamsters gefunden werden können, wodurch der Hamster eine Infektionsquelle für den Menschen darstellen kann.

□ Bandwurmbefall

Der am häufigsten beim Hamster gefundene Bandwurm ist *Hymenolepis nana,* der Zwergbandwurm. *Hymenolepis nana* ist der kleinste Bandwurm und der einzige, von dem bekannt ist, daß er ohne Zwischenwirt (durch Flöhe) übertragen werden kann. Er ist, da die abgestoßenen Endglieder im Darm verdaut werden können, nur durch eine mikroskopische Kotuntersuchung (Kapitel 1.4) zu diagnostizieren. Bei einem geringen Bandwurmbefall verläuft die Erkrankung meist ohne klinisches Erkrankungsbild. Es kann jedoch durch die im Darm gesetzten Läsionen zu Durchfall und chronischer Darmentzündung kommen. Bei massenhaftem Befall sind Darmverschlüsse berichtet worden.

Eine Therapie erfolgt mit Niclosamid (Mansonil®, Yomesan®) 100 mg pro kg Körpergewicht oder Droncit® (Praziquantel) 10 mg pro kg Körpergewicht.

Um die Infektionsmöglichkeiten so gering wie möglich zu halten, sollten neu zugekaufte Tiere parasitologisch untersucht werden. Auf eine gute Hygiene ist zu achten, da der Zwergbandwurm auch von Mäusen übertragen werden kann.

Ein weiterer Bandwurm, der gelegentlich beim Hamster angetroffen wird, ist *Hymenolepis diminuta.* Infektionen mit diesem Bandwurm sind jedoch selten, *Hymenolopis diminuta* benötigt einen Zwischenwirt (Motte, Floh). Es kommt zur Infektion infolge der oralen Aufnahme des Zwischenwirtes durch den Hamster. Die klinischen Zeichen sind wie bei *Hymenolepis nana* ein akuter oder chronischer Durchfall.

Bei gemeinsamer Haltung von Hunden oder Katzen mit Hamstern im selben Haushalt sollte auf eine regelmäßige Entwurmung von Hund und Katze geachtet werden. Es liegt ein Bericht vor, nach dem in der Leber eines Goldhamsters Zysten gefunden wurden, die das Larvenstadium von *Taenia taeniaeformis,* dem Hund- und Katzenbandwurm, beinhalteten.

□ Nematodeninfektionen

Nematoden werden beim Hamster nur sehr selten gefunden. Beschrieben wurden Infektionen mit *Syphacia obvelata* und *Syphacia muris;* eine Reihe weiterer bei Mäusen und Ratten vorkommenden Nematoden sind auch beim Hamster gefunden worden. Die Infektion erfolgt über Mäuse, Ratten und Schaben. Diese Funde stellen fast immer Sektionsbefunde dar. Nematoden werden durch die Gabe von 10 mg pro ml Trinkwasser Piperazinzitrat über 7 Tage zweimal mit einem Zwischenraum von 5 Tagen eliminiert.

3.6.5 Erkrankungen der Harnorgane

Diabetes mellitus kann bei chinesischen Hamstern durch rezessive Vererbung auftreten. Die Erkrankung geht mit den gewohnten Erscheinungen Polydypsie und Polyurie, verbunden mit erhöhten Blutglukosewerten, einher. Es können bis zu 70 ml Urin in 24 Stunden abgesetzt werden, gelegentlich kann Blindheit beobachtet werden. Eine Therapie mit hypoglykämischen Medikamenten kann durchgeführt werden.

■ Blasensteine

Von einem Blasenstein und seiner chirurgischen Entfernung wird einmal in der Literatur berichtet. Die Symptome waren eine gut tastbare gefüllte Blase und blutiger Urin. Der Blasenstein wurde nach Röntgendiagnostik chirurgisch entfernt und der Hamster geheilt entlassen. Es hatte sich jedoch 2 1/2 Monate später bereits ein neuer Blasenstein aus Magnesium, Kalzium und Phosphor gebildet, so daß das Tier letztendlich getötet werden mußte.

■ Cystitis

Bei einer Infektion der Harnwege kommt es zu häufigem Absetzen kleiner Mengen Urins, die Blutbeimischungen haben. Therapeutisch ist hier eine Injektion von Chloramphenicol subkutan 5 mg pro 100 g Körpergewicht 2mal täglich indiziert. Gleichzeitig sollte der Anteil an frischem Obst im Futter erhöht werden, um einen größeren Flüssigkeitsdurchsatz zu erreichen.

■ Nephrotisches Syndrom und Renale Amyloidose

Das nephrotische Syndrom zeigt sich durch Proteinurie und Ödeme sowie durch Ascitis oder Hydrothorax, einer Hypoalbuminämie und einer Hyperlipidaemie. Diese Erkrankung kann durch renale Amyloidose hervorgerufen werden. Das nephrotische Syndrom ist mehrfach bei Hamstern beschrieben worden wie auch bei Menschen, Hunden, Katzen und Mäusen. Es wird vermutet, daß genetische Faktoren bei der Entstehung der Amyloidose eine Rolle spielen.

3.6.6 Erkrankungen der Geschlechtsorgane

■ Endometritis

Es sind Fälle von Endometritis beim Hamster beschrieben worden, die durch Staphylokokken oder Streptokokken hervorgerufen wurden. Klinisch äußert sich die Erkrankung durch einen eitrigen Scheidenausfluß. Dieser Scheidenausfluß darf jedoch nicht verwechselt werden mit dem weißlichen Ausfluß, der mit dem Ende eines Östrus aus der Scheide des weiblichen Hamsters austritt. Dieser Ausfluß ist fädenziehend und kann als Zeitzeichen für eine erfolgreiche Bedekkung genutzt werden, indem man die Tiere am Abend des 3. Tages nach Erscheinen des Ausflusses zum Decken bringt. Therapeutisch bei der Endometritis wird Chloramphenicol in einer Menge von 5 mg pro 100 g Körpergewicht 2mal täglich subkutan verabreicht.

■ Eierstocktumoren

Gelegentlich werden gutartige Eierstocktumoren *(Thecom)* beobachtet, die jedoch nur Sektionsbefunde darstellen.

3.6.7 Erkrankungen der Sinnesorgane und des Nervensystems

Erkrankungen der Sinnesorgane und des Nervensystems spielen in der tierärztlichen Praxis keine Rolle.

3.6.8 Weitere Erkrankungen

■ Die lymphozytäre Choriomeningitis

Der Hamster kommt als Überträger der lymphozytären Choriomeningitis (LCM) auf den Menschen in Frage. Während die LCM beim Hamster nahezu ausschließlich symptomlos verläuft, ruft das LCM-Virus beim Menschen Meningitis, Encephalitis, Lymphknotenschwellung oder auch nur einen grippeähnlichen Symptomenkomplex hervor. Die Heilungsaussichten beim Menschen sind gut, zu Todesfällen kommt es nur selten. Jedoch ist auch bei nur schwach verlaufenden Infektionen die Rekonvaleszenzzeit sehr lang. Die Überträger der Zoonose sind Hamster aus LCM-verseuchten Zuchten, die neu angeschafft worden sind. Nach der Infektion scheidet der Hamster das Virus in Kot, Urin und mit dem Speichel aus. Während der symptomlos verlaufenden Erkrankung lassen sich im Serum des Hamsterblutes nach 2 Wochen komplementbindende Antikörper nachweisen, nach 5–6 Wochen finden sich im Blut neutralisierende Antikörper. Hieraus folgt, daß von den Hamstern nur für einige Wochen eine Ansteckungsgefahr ausgeht. Bei der Geburt infizierte Hamster sind bereits nach 12 Wochen nicht mehr infektiös. **Es ist daher**

dringend angeraten, keine Hamster zu kaufen, die jünger sind als 3 Monate, um vor einer Ansteckung sicher zu sein.

Bei der Infektion schwangerer Frauen mit dem LCM-Virus kann es zu Totgeburten, Hydrocephalus und Mißbildung des Kindes kommen. **Keine neuen Hamster während der Schwangerschaft!**

Bei den infizierten Hamstern können sich die Symptome dergestalt zeigen, daß die Tiere mangelnde Aktivität und Gewichtsverlust (Wasting disease) zeigen. Dies trifft jedoch nur für Tiere zu, die nicht bereits als Neugeborene infiziert wurden.

■ Zubildungen

Zubildungen sind beim Hamster ein häufiger Befund, besonders beim Goldhamster. Sehr oft stellen diese Zubildungen jedoch lediglich Sektionsbefunde dar, wie die nicht seltenen Polypen des Verdauungstraktes, die zu den gutartigen Neoplasien gehören.

Die am häufigsten beschriebene maligne Neoplasie ist das Lymphosarkom. Männliche Tiere werden hiervon deutlich häufiger als weibliche Tiere befallen. In der Literatur lassen sich viele Beschreibungen von sowohl gutartigen als auch bösartigen Tumorerkrankungen beim Hamster finden.

3.7 Literatur

Ackermann, R., W. Stille, W. Blumenthal, E. B. Helm, K. Keller & O. Baldus, 1972: Goldhamster als Überträger von lymphozytärer Meningitis. Med. Wochenschrift **45,** 97. Jg., 1725—1731.

Baies, A., I. Suteu & W. Klemm, 1968: Notoedres-Räude des Goldhamsters. Zschr. Versuchstierk. **10,** 251—257.

Bilda, A., 1972: Die lymphozytäre Choriomeningitis. Eine Zooanthroponose, verursacht durch den syrischen Goldhamster. Kleintierpraxis **5,** 139—142.

Bauck, L. A. (Brouwer), & R. J. Hagan, 1984: Cystotomy for treatment of urolithiasis in a hamster. JAVMA **184,** 1, 99—100.

Bunte, R. M., 1981: Selected diseases of hamsters. POLA, Armed Force Institute of Pathology, S. 1—11.

Coopermann, G. M., et al., 1943: Nutrition of the Golden Hamster. Proc. exp. Biology N. Y. **52,** 250—254.

Crowell, W. A., & C. L. Votava, 1975: Amyloidosis Induced by a Filarid Parasite *(Dipetalomena vitae).* Vet. Path. **12,** 178—185.

Dick, T. A., J. C. Quentin, & R. S. Freeman, 1973: Redescription of Syphacia Mesocriceti (Nematoda Oxyuroidea) Parasite of the Golden Hamster. The Journal of Parasitology **59,** 2, 256—259.

Enigk, K., & I. Grittner, 1951: Die Sarcoptesräude des Goldhamsters. Z. f. Parasitenkunde **15,** 25—33.

Flint, W. E., 1966: Die Zwerghamster der paläarktischen Fauna. Stuttgart: Franckh'sche Verlagshandlung.

Förster, U., G. Wachendörfer, P. Braun & U. Stülp, 1973: Zum Vorkommen des Virus der lymphozytären Choriomeningitis in Goldhamsterzuchten. Tierärztliche Umschau **28,** 219—223.

Fritsche, H., 1980: Hamster. München: Gräfe und Unzer.

Gabrisch, K., & P. Zwart, 1985: Krankheiten der Heimtiere. Hannover: Schlütersche Verlagsanstalt.

Geyer, H., 1972: Anatomische Untersuchungen am Harn- und Geschlechtsapparat des Chinesischen Zwerghamsters *(Cricetulus griseus).* Z. Versuchstierk. **14,** 107—123.

Habermehl, K. H., 1971: Gebißentwicklung, Backenzahnabnutzung und Zahnalterschätzung beim Chinesischen Zwerghamster *(Cricetus griseus).* Schweiz. Arch. f. Tierheilkunde, **113,** 278—285.

Isenbuegel, E., & W. Frank, 1985: Heimtierkrankheiten. Stuttgart: E. Ulmer.

Isenbuegel, E., 1970: Systematik und Ökologie des Chinesischen Zwerghamsters. Z. Versuchstierk. **12,** 84—114.

Juhr, N. C., & H. Hiller, 1973: Infektionen und Infektionskrankheiten bei Laboratoriumstieren. Berlin, Hamburg: Paul Parey.

Kunstyr, L., & T. Mathiesen, 1975: Demodikose beim Goldhamster. Tierärztl. Praxis **3,** 489—491.

Lindt, S., 1958: Über Krankheiten des syrischen Goldhamsters *(Mesocricetus auratus).* Schweiz. Arch. f. Tierheilkd. **100,** 86—97.

Loechelt, F., 1977: Die wichtigsten Erkrankungen des Goldhamsters, Tierärztl. Umschau **11,** 581—584.

MURPHY, J. C., J. G. FOX & ST. NIEMI, 1984: Nephrotic syndrome associated with renal amyloidosis in a colony of Syrian hamsters. JAVMA **185,** 11, 1359—1362.

NELSON, W. B., 1977: Fatal Hairball in an longhaired Hamster. JAVMA **171,** 9, 882—886.

NUTTING, W. B., 1961: *Demodex aurati sp. nov.* and *D. criceti,* ectoparasites of the Golden Hamster *(Mesocricetus auratus).* Parasit. **51,** 515—522.

REGH, J. E., & YUE SHOUNG LU, 1982: *Clostridium difficile* typhlitis in hamsters not associated with antibiotic therapy. JAVMA **181,** 11, 1422—1423.

REHMANN, S., & G. WAGNER, 1972: Untersuchungen zur Routinediagnostik der lymphocytären Chotiomeningitis beim Goldhamster. Deutsche Tierärztliche Wochenschrift **79,** 14, 337—342.

SAHMLAND, D., 1973: Beitrag zur Ruhigstellung und Narkose der Goldhamster mit Ketamin. Deutsche Tierärztliche Wochenschrift **83,** 477—478.

SCHMIDT, G., 1973: Kleinsäuger. Stuttgart: E. Ulmer.

SCHEFFIELD, F. W., & E. BEVERIDGE, 1962: Prophylaxis of »Wet-Tail« in Hamsters. Nature No. 4851.

SOAVE, O. A., 1963: Common diseases of hamsters. J. Am. Vet. Med. Ass. **142** (3), 285—287.

STRITTMATTER, J., 1972: Anästhesie beim Goldhamster mit Ketamine und Methoxyflurane. Z. Versuchstierk. **14,** 129—133.

THOMLINSON, J. R., 1975: »Wet-tail« in the Syrian hamster: a form of colibacillosis. Short communication. Vet. Rec. **96** (2), 42.

WEIHE, W. H., 1970: Das Blutbild des Chinesischen Hamsters. Z. Versuchstierk. **12,** 113—114.

WEIHE, W. H., & E. ISENBUEGEL, 1970: Bibliographie über den Chinesischen Hamster. Z. Versuchstierk. **12,** 115—129.

YOUNG, D., 1974: *Trichophyton mentagrophytes* infection of the Dshungarian Hamster. The Vet. Record. 287—289.

4 Hörnchen

4.1 Allgemeines und Biologie

Aus der großen Hörnchenfamilie *(Sciuridae)* werden die Streifenhörnchen *(Eutamias)* und die Chipmunks *(Tamias)* am häufigsten als Heimtiere gehalten. Die Beschreibung der Erkrankungen und deren Therapie bezieht sich auf die meisten Hörnchen. Das Eurasische Streifenhörnchen *(Burunduc)* soll jedoch im folgenden stellvertretend für alle Hörnchen behandelt werden.

Die als Heimtiere beliebtesten Hörnchen, die Streifenhörnchen und die Chipmunks, gehören wegen ihrer großen Backentaschen, in denen sie Getreidekörner als Wintervorrat zu ihrem Bau transportieren, zu den Backenhörnchen. Das Eurasische Streifenhörnchen (Burunduc, *Eutamias sibiricus*) ist ein kleines graubraunes Tier mit fünf schwarzbraunen Längsstreifen auf dem Rücken. Der Schwanz ist ungefähr so lang wie der Körper, 6–15 cm. Die Tiere wiegen zwischen 50 g und 150 g. Sie sind in der Natur sehr weit verbreitet. Ihr Lebensraum erstreckt sich von Südfinnland bis nach China und sogar Nordjapan. Dort leben sie in Gebüschen und im Unterholz der Wälder. Auch bei uns kommen die Streifenhörnchen bereits in freier Wildbahn vor. Lediglich in Gebieten mit extremen klimatischen Bedingungen, wie in den besonders kalten Regionen Sibiriens und auf der Halbinsel Kamtschatka, fehlen die Streifenhörnchen. Die Streifenhörnchen haben sich in ihrer Lebensweise der Region, in der sie leben, angepaßt. So halten z. B. die Streifenhörnchen, die in weiter nördlichen Regionen leben, einen längeren Winterschlaf als ihre Artgenossen in wärmeren Gebieten.

Streifenhörnchen graben sich eine Erdhöhle mit mehreren Kammern, deren Eingang versteckt unter Ästen, Büschen oder Steinen liegt. Eine gut ausgepolsterte Kammer dient als Schlafplatz. In den übrigen Kammern legen die Tiere die Wintervorräte an, die aus Samen, Getreide, Blättern, Pilzen, Eicheln und Nüssen bestehen. Jedes Streifenhörnchen sammelt bei einem Körpergewicht von ca. 100 g Nahrungsvorräte für den Winter von ungefähr 2 kg, die ordentlich nach Futterart getrennt in den ein-

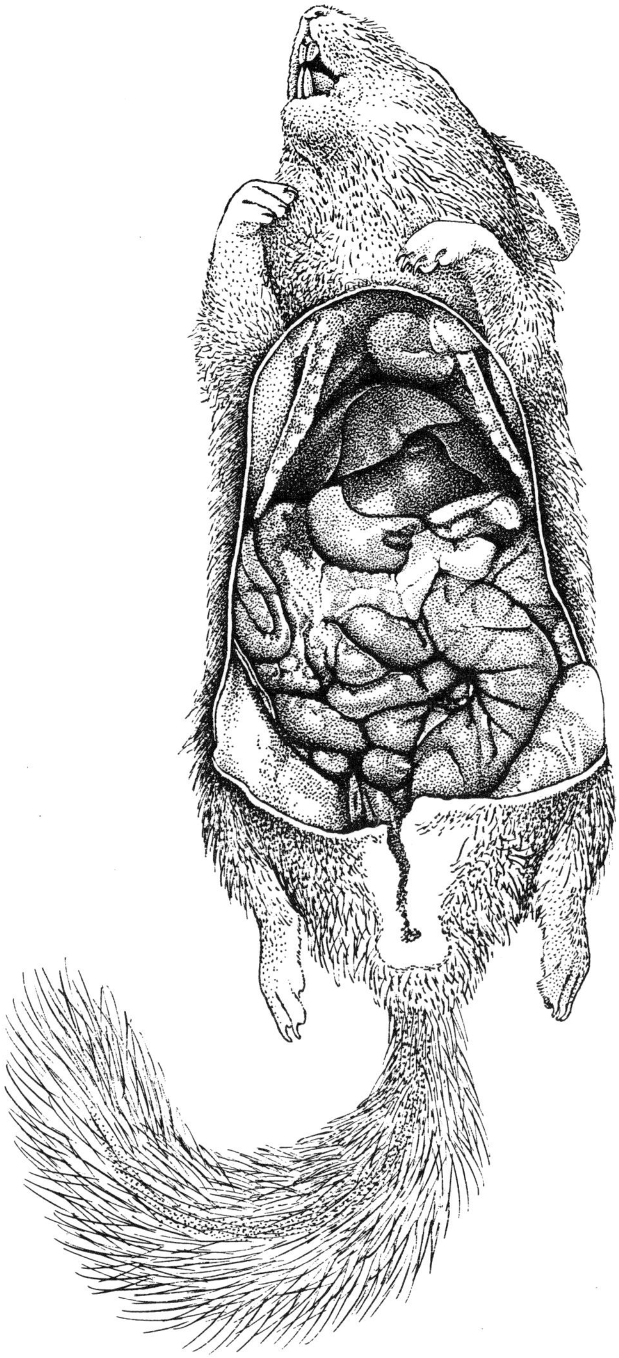

Abb. 22: Situs Hörnchen

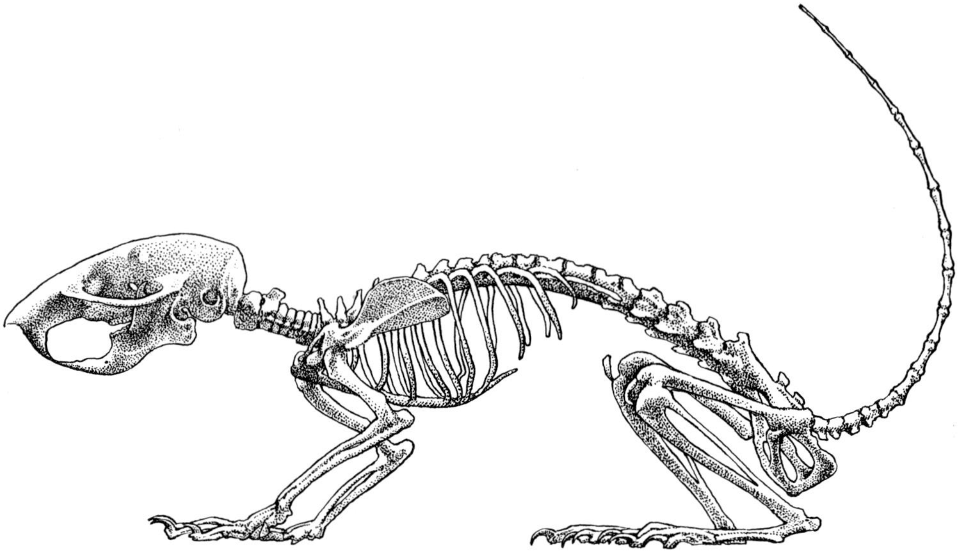

Abb. 23: Skelett Hörnchen

zelnen Kammern der Höhle lagern. Da sie ihre Nahrung vielfach von Bäumen holen, sind die Streifenhörnchen geschickte Kletterer.

Der Winterschlaf dauert im größten Teil des Verbreitungsgebietes von Oktober bis April. Die Tiere schlafen während dieser Zeit in der Schlafkammer ihrer Erdhöhle und werden nur zur Nahrungsaufnahme kurz wach. Die Streifenhörnchen sind Einzelgänger. Jedes Tier hat seinen eigenen Bau. Auch wenn diese Bauten manchmal sehr dicht beieinander liegen und die Tiere regelrechte Kolonien bilden, haben sie doch alle ihr eigenes Revier. Verletzungen der Reviergrenzen führen zu heftigen Kämpfen. Auch wenn die Tiere in Getreidefeldern oft in großer Zahl anzutreffen sind, so respektieren sie doch ihre Individualität, die Reviere werden durch Urin markiert oder durch den eigenen Körpergeruch, den die Tiere durch Reiben des Bauches am Erdboden verbreiten. Auf die Einhaltung der Grenzen wird streng geachtet. Lediglich zur Paarungszeit im April lockt das weibliche Tier die Männchen durch hohe Pfeiflaute. Die Hoden der männlichen Tiere schwellen an. Nachdem sich die Tiere eine Weile gegenseitig gejagt haben, kommt es zur Kopulation. Nach einer Tragzeit von 30–32 Tagen wirft das Weibchen 3–5, nur in Ausnahmefällen mehr Junge. Die Jungen sind nackt und blind, jedoch entwickelt sich das Fell sehr rasch und die Tiere haben bereits 2 Wochen nach der Geburt ein gestreiftes Fell. Nach ungefähr 20 Tagen öffnen die Jungtiere die Augen, und mit dem Ende der Saugzeit nach 4–5 Wochen verlassen sie zum ersten Mal den Bau. Ihre Geschlechtsreife erreichen die Tiere mit 11 Monaten erst sehr spät, da die Paarung jedoch lediglich einmal im Jahr im April stattfindet, ist sie früher auch noch nicht erforderlich.

Streifenhörnchen sind tagaktive Tiere. Ihre großen vorstehenden Augen ermöglichen ihnen eine gute Rundumsicht. Ihr Gesicht schützt sie vor natürlichen Feinden, vor allem Greifvögeln, Mardern, Füchsen und Hermelinen.

4.2 Haltung und Fütterung

■ Haltung

Die sehr aktiven Hörnchen brauchen, um ihr großes Bewegungsbedürfnis zu befriedigen, einen großen Käfig. Für ein einzeln gehaltenes Tier ist ein Käfig von 1 m Länge, 1 m Höhe und 50 cm Tiefe die Mindestgröße. Bei der Haltung von zwei Streifenhörnchen sollte das Raumangebot mindestens das Doppelte betragen. Da die Tiere sehr gerne klettern, ist die Mindesthöhe von 1 m unbedingt einzuhalten. Die Käfigwände sollten aus Maschendraht bestehen, wobei die Maschen nicht weiter als 2 cm auseinander sein dürfen, um ein Durchschlüpfen der Tiere zu verhindern. Im Käfig selbst sollten dem Streifenhörnchen Klettermöglichkeiten aus Ästen zur Verfügung stehen. Der Käfig muß ein Schlafhäuschen enthalten, dessen Mindestgröße 15 × 15 × 15 cm beträgt und welches mit einem 3 cm großen Schlupfloch versehen ist. Werden mehrere Tiere in einem Käfig gehalten, so ist wenigstens ein Schlafhäuschen pro Tier anzubieten. Der Boden des Käfigs sollte, um eine problemlose Reinigung zu ermöglichen, als Schublade gebaut sein, zur Einstreu wird Torf verwendet. Die angegebene Käfiggröße ist eine absolute Mindestgröße. Auch bei dieser Käfiggröße sollten die Tiere die Gelegenheit haben, sich frei in der Wohnung aufzuhalten, da sich sonst sehr leicht Monotoniebewegungen ausbilden wie das Springen vom Boden an die Käfigwand, von der Käfigwand zur Decke und wieder zurück zum Boden, immer wieder hintereinander. Solche Bewegungsmonotonien sind ein eindeutiges Zeichen für das Leben in einem zu engen Lebensraum.

An die Umgebungstemperatur stellen die Streifenhörnchen keine großen Ansprüche. Sie können ohne weiteres auch in einer Voliere im Garten gehalten werden. Sie halten dann jedoch einen Winterschlaf, aus dem sie von Zeit zu Zeit erwachen, um zu fressen und Kot abzusetzen. Im März wachen die Tiere wieder auf. Bei der Haltung in der Wohnung fällt der Winterschlaf aus.

■ Fütterung

Für Streifenhörnchen werden fertige Futtermischungen im Zoofachhandel angeboten. Die Nahrung läßt sich jedoch auch problemlos selbst zusammenstellen. Die Hörnchen fressen gerne Nüsse aller Art sowie Eicheln und Bucheckern. Auch Haferflocken, Sonnenblumenkerne, Getreidekörner, Obst, Beeren, Löwenzahn, frische Rinde gehören zum Hörnchenfutter. Neben dem Trockenfutter und dem Saftfutter benötigen die Hörnchen tierische Proteine. Diese erhalten sie durch die Gabe von Ei, rohem Fleisch, Insekten und Mehlwümern. Ein gutes Hörnchenfutter besteht aus einer Mischung von Saftfutter und Trockenfutter mit einem kleinen Anteil an tierischem Eiweiß. Obst und Grünfutter sind gründlich zu waschen oder zu schälen, da die Tiere empfindlich auf Pestizide reagieren. Mandeln dürfen wegen der in ihnen enthaltenen Blausäure nicht verfüttert werden.

Streifenhörnchen haben große Backentaschen, in denen sie Futter zu ihren Vorratsplätzen transportieren. Die Futterverstecke müssen gelegentlich kontrolliert werden, damit das gehortete Futter nicht verdirbt. An der Menge des gehamsterten Futters läßt sich auch leicht kontrollieren, ob die Futtermenge, die dem Tier angeboten wird, zu groß ist.

4.3 Physiologische Daten

Körperinnentemperatur	38–39,5 °C
Atemfrequenz	200/min
Puls	300–500/min
Geschlechtsreife	11 Monate
Trächtigkeitsdauer	30–32 Tage
Wurfgröße	3–5
Lebenserwartung	8–12 Jahre
Blutwerte	
Hämoglobin	10–15 gm/dl
Hämatokrit	35–55 %
Erythrozyten	6–10 × 10^6/mm^3
Leukozyten	3–7 × 10^3/mm^3
Differentialblutbild	
Lymphozyten	– 70 %
Monozyten	6 %
Neutrophile	40–60 %
Eosinophile	3 %
Basophile	3 %

4.4 Allgemeine und spezielle Untersuchung

Eine Empfehlung für den allgemeinen Untersuchungsgang finden Sie in Kapitel 7.1.

Die Untersuchung der quirligen Streifenhörnchen ist nicht immer ganz einfach. Wenn das Tier in seinem Käfig zu lebhaft herumspringt, empfehle ich, das Streifenhörnchen in ein auf der Seite liegendes großes Einmachglas zu setzen. Das Einmachglas wird mit einem selbstgebastelten Deckel aus luftdurchlässigem Drahtgeflecht (Fliegendraht) verschlossen. So hat man leicht die Möglichkeit, das Hörnchen durch das Glas zu beobachten, gleichzeitig ist das Glas gut geeignet, spontan abgesetzten Kot und Urin zu Untersuchungszwecken zu entnehmen.

■ Geschlechtsdifferenzierung

Beim erwachsenen Streifenhörnchen kann man während der Paarungszeit die stark geschwollenen Hoden erkennen. Bei jungen Hörnchen läßt sich das Geschlecht am ehesten unterscheiden, indem man die Größe des Abstandes zwischen Anus und Geschlechtsöffnung betrachtet. Beim männlichen Tier beträgt der Abstand zwischen Anal- und Genitalregion ungefähr 1/2 cm, während beim weiblichen Tier After und Harnöffnung dicht beisammen liegen.

■ Zwangsmaßnahmen

Streifenhörnchen lassen sich gut in einem Einmachglas mit Drahtabdeckung untersuchen. Wenn die Tiere in die Hand genommen werden müssen, ist es ratsam, dies mit Hilfe eines Handtuches zu tun, wobei der Kopf mit Daumen und Zeigefinger fixiert werden muß. Weitere Zwangsmaßnahmen sind nicht angebracht.

■ Blutentnahme

Bei den sehr lebhaften Tieren ist eine Blutentnahme aus der Punktion des *Plexus venosus orbitalis* nur in Narkose möglich. Hier läßt sich die zur Untersuchung erforderliche Blutmenge besser durch das Anschneiden eines Krallenblutgefäßes gewinnen. Nach der Entnahme der benötigten Blutmenge

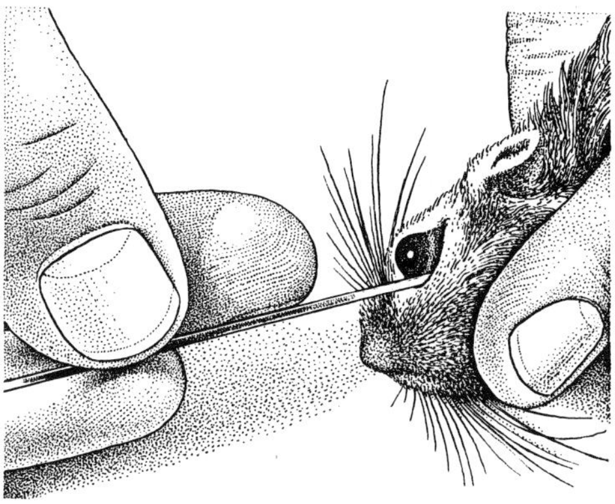

Abb. 24: Blutentnahme aus dem *Plexus venosus orbitalis* mit Hilfe eines Mikrohämatokritröhrchens

kann es erforderlich sein, die Blutung mit Hilfe eines Thermokauters zum Stillstand zu bringen.

■ Urinuntersuchung

Die Blase des Streifenhörnchens kann vorsichtig ausgedrückt werden. Streifenhörnchen setzen aber häufig auch im Untersuchungsglas Urin ab. Für die Diagnostik ist der Urin beim Streifenhörnchen allerdings nur von geringem Wert. Lediglich für die Feststellung von blutigen Verfärbungen bei einer Cystitis wird die Urinuntersuchung genutzt.

■ Kotuntersuchung

Endoparasiten spielen bei im Haus gehaltenen Hörnchen keine Rolle. Den genauen Untersuchungsgang für die parasitologische Untersuchung finden Sie im Kapitel 1.4.

■ Hautuntersuchung

Hörnchen können unter Pilzerkrankungen leiden. Um zu einer genauen Diagnose zu kommen, muß eine Haarprobe vom Randbezirk der befallenen Hautstelle an ein mykologisches Labor zur Untersuchung geschickt werden.

Da bei den Hörnchen auch Milbenbefall bekannt ist, kann es erforderlich sein, ein Hautgeschabsel anzufertigen (s. Kap. 1.4).

■ Röntgenuntersuchung

Röntgenuntersuchungen spielen in der Praxis keine Rolle.

4.5 Narkose

Für chirurgische Eingriffe hat sich in der Praxis die Injektionsnarkose bewährt. Hierbei wird entweder Ketamin HCl in einer Dosierung von 4 mg pro 100 g Körpergewicht intramuskulär oder Pentobarbital 5–6 mg pro 100 g Körpergewicht intraperitoneal injiziert. Auch die Inhalationsnarkose mit Halothan ist möglich, ist jedoch unter Praxisbedingungen nicht empfehlenswert. Bei dieser Form der Narkose ist die Prämedikation mit Atropin 0,2 mg erforderlich, um die starke Speichelsekretion, die aspiriert werden kann, zu unterdrücken. Wie alle kleinen Nagetiere sind die Hörnchen während der Aufwachphase für Temperaturverlust sehr anfällig. Nach erfolgtem chirurgischen Eingriff müssen die Tiere deshalb unter einer Infrarotlampe oder auf einer Wärmflasche gelagert werden, wobei die Körperinnentemperatur (38,5 °C) des Patienten bis zum völligen Erwachen aus der Narkose kontrolliert werden muß.

4.6 Organerkrankungen

4.6.1 Hauterkrankungen

Ein häufiger Grund für das Vorstellen von Hörnchen in der Praxis ist eine Dermatitis im Gesichtsbereich. Die Dermatitis geht von den Nasenlöchern aus und beginnt mit einer leichten Rötung. Von dort schreitet die Dermatitis fort, wobei zunächst die Haare ausfallen. Die betroffenen Hautstellen nässen mit zunehmendem Fortschreiten der Erkrankung. Die Krankheit kann sich über den ganzen Körper ausbreiten, und nicht selten sterben die Tiere. Therapeutisch werden antibiotische Hautsalben und die Gabe von Antibiotika über das Trinkwasser empfohlen. Die Erfolge sind jedoch zweifelhaft. In der Literatur werden auch Sandbäder mit Badesand, wie er bei den Chinchillas Verwendung findet, zur Therapie empfohlen (vgl. Kapitel 6.6.1 Hauterkrankungen/Sandbad).

Bei Hauterkrankungen mit starkem Juckreiz sind Haut und Haare der Streifenhörnchen genau auf Ektoparasiten zu untersuchen. Die Verwendung eines Vergrößerungsglases erleichtert die Arbeit. Bei Hörnchen, die in einem gemeinsamen Haushalt mit Hunden und Katzen gehalten werden, können Hundeflöhe die Ursache sein. Die Flöhe werden durch Einpudern mit Alugan®-Puder getötet.

■ Ektoparasiten

□ Milben

Bei einer Dermatitis, die mit starkem Juckreiz verbunden ist, kann mit Hilfe eines Hautgeschabsels der Befall mit **Demodexmilben** nachgewiesen werden. Die Tiere kratzen sich, laufen unruhig in ihrem Käfig hin und her, haben eine gerötete Haut, stellen die Nahrungsaufnahme ein, kümmern und sterben schließlich. Die Heilungsaussichten bei Demodexbefall beim Streifenhörnchen sind zweifelhaft.

Im Freien gehaltene Hörnchen können bisweilen wie Hunde, Katzen oder Menschen von **Zecken** *(Ixodes rhizinus)* befallen werden. Die Therapie besteht hier in einem einfachen Herausdrehen der Zecke. Man legt den Zeigefinger auf die Zecke und dreht den Zeckenkörper mit Hilfe des Zeigefingers um seine eigene Achse, bis die Zekke herausfällt. Die Bißstelle kann mit Zinkpaste behandelt werden.

■ Dermatomykosen

Hörnchen sind häufig mit Pilzen infiziert, ohne selber Symptome für eine Pilzerkrankung zu zeigen. Daher ist beim Auftreten einer Pilzerkrankung bei einem Mitglied einer Familie, die ein Hörnchen hält, immer auch bei dem Tier eine Therapie durchzuführen. *Trichophyton mentagrophytos* und *Microsporum gypseum* sind beim Hörnchen vorgekommen. Die Tiere erkranken nur, wenn durch besondere Streßsituationen, schlechte Ernährung oder Krankheit der Organismus in seiner Abwehr geschwächt ist. Bei Tieren, bei denen kreisrunder Haarausfall mit schuppig-roter Haut an verschiedenen Stellen des Körpers zu finden ist, sollte ein Hautgeschabsel durchgeführt werden (s. Kapitel 1.4). Die Hyphen lassen sich unter dem Mikroskop erkennen. Bei einem negativen Befund sollten dennoch Haare an ein mykologisches Labor geschickt werden, um wegen der Ansteckungsgefahr für den Menschen ganz sicher zu sein, daß eine Pilzinfektion ausgeschlossen ist. Zur Therapie erhalten die Tiere 15 mg Griseofulvin pro Tag oral.

4.6.2 Herz- und Kreislauferkrankungen

Herz- und Kreislauferkrankungen treten bei Hörnchen nur sehr selten auf. Streß und zu hohe Temperaturen über einen längeren Zeitraum können allerdings zu einer Kreislaufinsuffizienz führen. Die Tiere liegen reaktionslos auf der Seite und haben einen stark beschleunigten Puls und eine flache Atmung. Die Therapie besteht zunächst aus dem Abstellen der Ursache des Kreislaufversagens. Meistens ist im Sommer Hitze die Ursache, wenn der Käfig mit den Tieren in die pralle Sonne gestellt wird. Das Tier wird bei einem Hitzschlag auf oder unter einem feuchten Tuch gelagert. Der Nacken kann mit Eisstückchen eingerieben werden. Die Therapie kann durch Gaben von Glukokortikoiden unterstützt werden. Zur Vermeidung eines Hitzschlags ist wichtig, daß im Freien gehaltene Hörnchen *immer einen schattigen Platz zur Verfügung haben.* Diese Schattenplätze müssen auch gut durchlüftet sein. Es genügt nicht, lediglich den Käfig mit dem Nesthäuschen in die Sonne zu stellen, da sich in dem Haus wegen der fehlenden Luftzirkulation die Hitze leicht stauen kann.

4.6.3 Erkrankungen der Atmungsorgane

Bei Streifenhörnchen kommt es zu Atemwegserkrankungen, wenn sie auch im Herbst und Winter im Freien gehalten werden und dann nur unzureichend vor Kälte geschützt sind. Der Nistplatz der Tiere muß stets frostfrei und frei von Zugluft sein. Erkrankte Tiere werden apathisch, verweigern die Nahrungsaufnahme und niesen. Aus den Nasenlöchern kommt zunächst klarer, dann eitriger Nasenausfluß. Die Tiere zeigen eine flache, hochfrequente Atmung und eine Pleuritis, die Atemgeräusche hervorruft.

Trotz Therapie sind die Heilungsaussichten bei einer Atemwegsinfektion beim Hörnchen gering. Therapeutisch gibt man 5 mg pro 100 g Körpergewicht Chloramphenicol subkutan. Da die Tiere Wasser und Futter nur unzureichend aufnehmen, ist die Gabe des Antibiotikums mittels einer Injektion der oralen Applikation vorzuziehen.

4.6.4 Erkrankungen der Verdauungsorgane

■ Zahnanomalien

Bei Hörnchen kommt es vor, daß durch eine Fehlstellung die Schneidezähne sich nicht gegenseitig abreiben, sondern immer länger werden. Die Tiere können nur noch mühsam Futter aufnehmen und stellen die Nahrungsaufnahme schließlich ganz ein. Die überlang gewordenen Schneidezähne müssen mit Hilfe eines Seitenschneiders abgekniffen werden. Diese Therapie ist jedoch mit schöner Regelmäßigkeit zu wiederholen, da sich durch das Abkneifen der zu lang gewordenen Schneidezähne der Stellungsfehler nicht korrigiert. Da der Stellungsfehler erblich ist, sollten Züchter darauf achten, daß solche Tiere von der Zucht ausgeschlossen werden.

■ Tympanie

Bei Hörnchen kann es nach Futterumstellungen oder einer zu starken Gabe von Grünfutter und Obst zu sehr schmerzhaften Aufblähungen kommen. Die bei den Gärprozessen entstehenden Gase lassen Magen und Darm stark auftreiben, die Tiere atmen schnell und flach und haben einen angespannten Leib. Zur Therapie müssen die Tiere 24 Stunden fasten und erhalten anschließend lediglich Heu und Zwieback. Eine Injektion von 0,05 ml Buscopan s. c., die evtl. nach 6 Stunden noch einmal wiederholt werden kann, lindert die Beschwerden. Wenn das Tier mit dem Menschen vertraut ist, kann eine vorsichtige Massage des Bäuchleins durchgeführt werden. Die Tympanie ist sehr schmerzhaft und keineswegs harmlos. Todesfälle sind nicht selten.

■ Enteritiden

Durch eine Störung in der Zusammensetzung der Mikroorganismen des Darms kommt es auch bei Hörnchen zu einer Enteritis, die mit Durchfall, aufgetriebenem Leib und verstärkten Darmgeräuschen einhergeht. Den Tieren muß 24 Stunden das Futter entzogen werden, anstelle von Trinkwasser wird ihnen dünner schwarzer Tee zur Verfügung gestellt. Auf die orale Gabe von Antibiotika sollte man verzichten, um den Aufbau einer neuen Darmflora nicht zu stören. Zwieback dient als Diätfutter.

Bei den Enteritiden ist die Prognose ungünstig. Da die Krankheiten stürmisch verlaufen, werden die betroffenen Tiere fast immer zu spät in der Praxis vorgestellt. Dieses ist zwar nicht dem Besitzer anzulasten, verringert jedoch die Heilungschancen. Um das Auftreten der Enteritiden weitgehend zu vermeiden, sollte das Hauptaugenmerk auf eine hygienische und artgerechte Haltung der Hörnchen gelegt werden. Auch das Futter muß optimal beschaffen sein. Futterumstellungen sind möglichst zu vermeiden; falls sie unvermeidlich sind, sollten sie sehr behutsam und langsam durchgeführt werden. Es ist wichtig, in größeren Beständen neu zugekaufte Tiere während einer Quarantänezeit räumlich von den anderen Tieren getrennt zu halten. Dabei ist nicht allein die räumliche Trennung von Bedeutung, sondern auch, daß beim Umgang mit den Tieren während Fütterung, Käfigreinigung oder Spiel stets zuerst die gesunden Tiere und dann erst die Quarantänetiere betreut werden.

□ Salmonellose

Es sind Fälle bekannt, in denen Streifenhörnchen an Salmonellose durch *Salmonella enteritidis* erkrankt sind. Die Erkrankung kann latent oder akut verlaufen. Bei akutem Verlauf führt die Krankheit unter starken Durchfällen innerhalb von kurzer Zeit zum Tode. Bei einer anderen Verlaufsform sterben die Tiere ohne vorherige Krankheitszeichen plötzlich. Eine Therapie der Salmonellose hat wegen des meist stürmischen Verlaufs wenig Sinn. Tiere, die die Erkrankung überleben, bleiben ihr Leben lang Salmonellenausscheider und stellen daher auch eine Gefahr für die Gesundheit der Menschen dar. Wegen der Infektionsgefahr für den Menschen ist beim Umgang mit an Salmonellose erkrankten Tieren auf strengste Sauberkeit und Desinfektion der Hände nach jedem Umgang mit dem erkrankten Tier zu achten. Kinder und Haustiere sind von den erkrankten Hörnchen fernzuhalten.

:olibazillose)

ə Infektion, die mit
einhergeht, ist die
r Colibazillose. Der
ı *coli.* Durch Streßsi-
tellungen, schlechte
ıgen oder andere be-
mmt es zu einer übermäßigen Darmbesiedelung mit *Escherichia coli.* Diese Erkrankung tritt vor allen Dingen bei jungen Tieren auf und geht mit typischen klinischen Symptomen einher. Die Tiere liegen gekrümmt im Käfig, der Schwanz und die Analregion sind vom Durchfall naß.

Die Heilungsaussichten sind schlecht. Therapeutisch kann 0,3 g Tetracyclin pro 100 ml Trinkwasser oder 5 mg Chloramphenicol pro 100 g Körpergewicht subkutan versucht werden. Man darf den Tieren über 24 Stunden lediglich Zwieback und abgekochtes Wasser anbieten.

□ Tyzzer's Disease

Ebenfalls mit Durchfall und Darmentzündung geht die durch *Bazillus piliformis* hervorgerufene Tyzzer's Disease einher. Die erkrankten Tiere sterben innerhalb von 48 Stunden nach blutigem Durchfall und Apathie. Die Tyzzer's Disease kommt bei vielen Tierarten vor. Ein Therapieversuch erscheint mir bei dieser Erkrankung nicht erfolgversprechend zu sein. Da jedoch bekannt ist, daß *Bazillus piliformis* seine krankmachende Wirkung erst beim Zusammentreffen mit anderen Faktoren, wie Streß, Mangelerkrankungen oder schlechten hygienischen Zuständen, entfalten kann, ist das Auftreten dieser Erkrankung immer auch ein Indiz für mangelhafte Haltungsbedingungen.

4.6.5 Erkrankungen der Harnorgane

■ Cystitis

Die Cystitis tritt bei den Hörnchen nicht selten auf. Wie vom Menschen und auch anderen Tierarten bekannt ist, so gibt es auch bei der Blasenentzündung der Hörnchen häufig Rezidive. Klinisch äußert sie sich in Unruhe und dem vermehrten Versuch, Harn abzusetzen, oft nur mit geringem Erfolg, wobei die abgesetzten Tröpfchen blutig sein können. Eine Therapie mit Sulfonamiden in der Dosierung von 10 mg pro 100 g Körpergewicht subkutan injiziert muß innerhalb von 24 Stunden zum Erfolg führen. Parallel zu der Sulfonamidtherapie sollte unbedingt ein Resistenztest angelegt werden, damit bei Versagen der Sulfonamidtherapie auf jeden Fall ein therapeutisch wirksames Medikament bekannt ist. Sollten nach 24 Stunden trotz einer antibiotischen Versorgung die Symptome der Cystitis noch nicht abgeklungen sein, muß eine Röntgenaufnahme angefertigt werden, da auch bei Hörnchen Blasensteine bekannt sind.

4.6.6 Erkrankungen der Geschlechtsorgane

Erkrankungen der Geschlechtsorgane beim Hörnchen spielen für die Praxis keine Rolle.

4.6.7 Erkrankungen der Sinnesorgane und des Nervensystems

Erkrankungen der Sinnesorgane und des Nervensystems beim Hörnchen spielen in der Praxis keine Rolle.

4.6.8 Weitere Erkrankungen

■ Verletzungen
Bei den lebhaften Hörnchen sind Verletzungen verschiedenster Art häufig. Tiere, die frei in der Wohnung herumlaufen dürfen, sind immer besonders zu beobachten. Schon viele Tiere sind in Türen oder hinter Möbeln eingeklemmt worden, haben sich bei Annagen von Strom- und Telefonleitungen verletzt oder sind von einer glatten Fläche abgerutscht und heruntergestürzt. Bei Frakturen sind die Heilungsaussichten gering, da die Tiere weder Schienen noch Nägel akzeptieren. Durch ihren natürlichen Trieb, sich sauberzuhalten und alles Fremde aus ihrem Fell zu entfernen, werden auch Verbände ständig abgerissen. Bei unkomplizierten Frakturen sollte man daher die Bruchenden ohne Therapie verheilen lassen, bei komplizierten Frakturen müssen die Tiere fast ausnahmslos getötet werden.

Durch unachtsame Handhabung können die Hörnchen ihren für die Balance beim Springen so wichtigen Schwanz verlieren. Wenn man versucht, ein Hörnchen am Schwanz festzuhalten, kann die sehr lockere Schwanzhaut reißen, die dann lose in der Hand zurückbleibt. Der übriggebliebene Stumpf der Wirbelsäule wird von den Tieren abgenagt. *Hörnchen dürfen deshalb niemals am Schwanz festgehalten werden!*

■ Toxoplasmose
Toxoplasma gondii ist auch schon bei Hörnchen gefunden worden. Ob es eine Toxoplasmose mit klinischen Erscheinungen bei diesen Tieren gibt, ist nicht bekannt.

4.7 Literatur

BARRY, W. J., 1972: Methoxyflurane — an anaesthetic for field and laboratory use on squirrels. J. of Wildlife Management **36** (3), 993—993.

BAUER, H., 1965: Streifenhörnchen. Lehrmeisterbücherei Nr. **25.** Minden: A. Philler 21—26.

CAPUCCI, D. T., R. W. EMMONS, & W. W. SAMPSON, 1972: Rabies in an eastern fox squirrel. J. of Wildlife Diseases **8** (4), 340—342.

DAVIDSON, W. R., & J. P. CAPLIN, 1976: Hepatozoon griseisciuri infection of the Southeastern United States. J. of Wildlife Diseases **12** (1), 72—76.

DUNCAN, S., 1973: Eimeria ontarioensis Lee and Dorney 1971 from the gray squirrel Scurius carolinensis in Massachusetts. J. of Parasitology **59** (2), 330.

EMMONS, R. W., R. P. MAYNARD, & D. O. N. TAYLOR, 1974: Total alopecia in a gray squirrel (sciurus carolensis). J. of Wildlife Diseases **10** (1), 42—43.

FRITZ, T. E., D. E. SMITH, & R. J. FLYNN, 1968: A central nervous system disorder in ground squirrels *(Citellus tridecum lineatus)* associated with visceral larva migrans. JAVMA **153,** 841—844.

HIRTH, R. S., D. S. WYAND, A. D. OSBORNE, & C. N. BURKE, 1969: Epidermal changes caused by squirrel poxviruses. JAVMA **155,** 1120—1125.

HOFF, G. L., E. B. LASSING, M. S. CHAN, W. J. BIGLER, & T. J. DOYLE, 1976: Hematologic values for free ranging urban gray squirrels *(Sciurus c. carolinensis).* American J. of Veterinary Research. **37** (1), 99—101.

HOERTER, R., 1963: Enteric Candida albicans infection in a squirrel. Dtsch. tierärztliche Wochenschrift **70,** 245—246.

ISENBUEGEL, E., & W. FRANK, 1985: Heimtierkrankheiten. Stuttgart: E. Ulmer.

JOSEPH, T., 1974: Hymenolepsis diminuta in a gray squirrel from Indiana. J. of Wildlife Diseases **10** (2), 164—165.

LAVOIPIERRE, N. M. J., 1964: Mange mites of the genus Notoedres *(Acari sarcoptidae)* with descriptions of two new species and remarks on notoedric mange in the squirrel and the vole. J. of Entomology **1,** 5—17.

LEWIS, E., G. L. HOFF, W. J. BIGLER, & M. B. JEFFERRIESES, 1975: Public Health and the urban gray squirrel: mycology, J. of Wildlife Diseases **11** (4), 502—504.

MAHRT, J. L., & S. J. CHAI, 1970: Prevalence of coccidia in red squirrels *(Tamiasciurius hudsonias),* in Alberta. Canad. J. of Zoology **48,** 606.

MCMILLAN, B., et al., 1968: Squirrel bite fever. Trans. Roy. Trop. Med. Hyg. **62,** 567.

MUUL, J., 1969: Mating behaviour, gestation period and developement of glaucomys sabrinus. Journal Mammal **50,** 121.

RINGS, R. W., R. E. DOYLE, B. E. HOOPER, & K. L. KRAMER, 1969: Osteomalacia in the golden-mantled ground squirrel *(Citellus lateralis).* JAVMA **155,** 1224—1227.

SMIT, P., 1977: Streifenhörnchen als Heimtiere. Das Vivarium. Stuttgart: Franckh'sche Verlagshandlung.

WHITE, F. H., G. L. HOFF, W. J. BIGLER, & E. BUFF, 1975: A Microbiologic study of the urban gray squirrel. JAVMA **167** (7), 603—604.

WISSDORF, H., & B. SCHAEFER, 1977: Anatomische Grundlagen und Operationsbeschreibung der Kastration von männl. japanischen Streifenhörnchen (*Eutamias sibiricus* L.) und pakistanischen Palmhörnchen (*Funanbulus palmarum* L.), Kleintierpraxis **22,** 255—258.

5 Maus und Ratte

5.1 Allgemeines und Biologie

Mäuse und Ratten, die ursprünglich lediglich als Laboratoriumstiere gehalten wurden, gewinnen in letzter Zeit zunehmend als Heimtiere vor allem für Menschen zwischen 10 und 20 Jahren an Bedeutung und werden daher nicht selten in der Praxis vorgestellt. Dieses Kapitel faßt beide Tierarten zusammen, weil sich die Krankheiten, mit denen die Tiere in der Praxis vorgestellt werden, ebenso wie die zu verabreichenden Medikamente und deren Dosierung, ähneln. Über beide Tierarten gibt es wegen ihrer Verwendung als Forschungstiere eine ungeheure Menge an Literatur. Hier sollen jedoch nur die Dinge behandelt werden, die für die Praxis eine Bedeutung haben.

■ Maus

Die Maus *(Mus musculus),* die zur Unterfamilie der *Murinae* gehört und dort zur Familie der *Muridae,* ist schon seit dem 17. Jahrhundert wegen der einfachen Haltung und der leichten Reproduzierbarkeit ein beliebtes Versuchstier.

Die Hausmaus ist als Liebhaber von Getreidekörnern von dem Moment an, als die Menschen seßhaft wurden und Getreide anbauten, ständiger Gast in menschlichen Siedlungen. In den seither vergangenen 9000 Jahren begleiteten die Hausmäuse die Menschen bei ihrer Besiedlung aller Erdteile. Im Altertum, in dem man noch glaubte, daß die Mäuse aus Nilschlamm entstünden oder aus Hausschmutz, wurden die Mäuse auch in Tempeln gehalten, um den Priestern Hinweise auf die Zukunft zu geben. Den Kretern galten die Mäuse als heilig, weil sie ihnen in einer Schlacht entscheidend dadurch geholfen haben sollen, daß sie vor einer Schlacht ihren Gegnern die Lederriemen an den Schilden derart zernagt hätten, daß die Schilde in der Schlacht unbrauchbar waren. Die Kreter errichteten nach ihrem Sieg einen Tempel für die Mäuse, der dem Mäusegott Apollo Smitheus geweiht war. Es entstand eine regelrechte Mäusereligion, in deren Tempeln weiße Mäuse gezüchtet wurden. Der Mäusekult verschwand erst wieder im Mittelalter. Ein anderes Mal sollen die Mäuse eine Schlacht

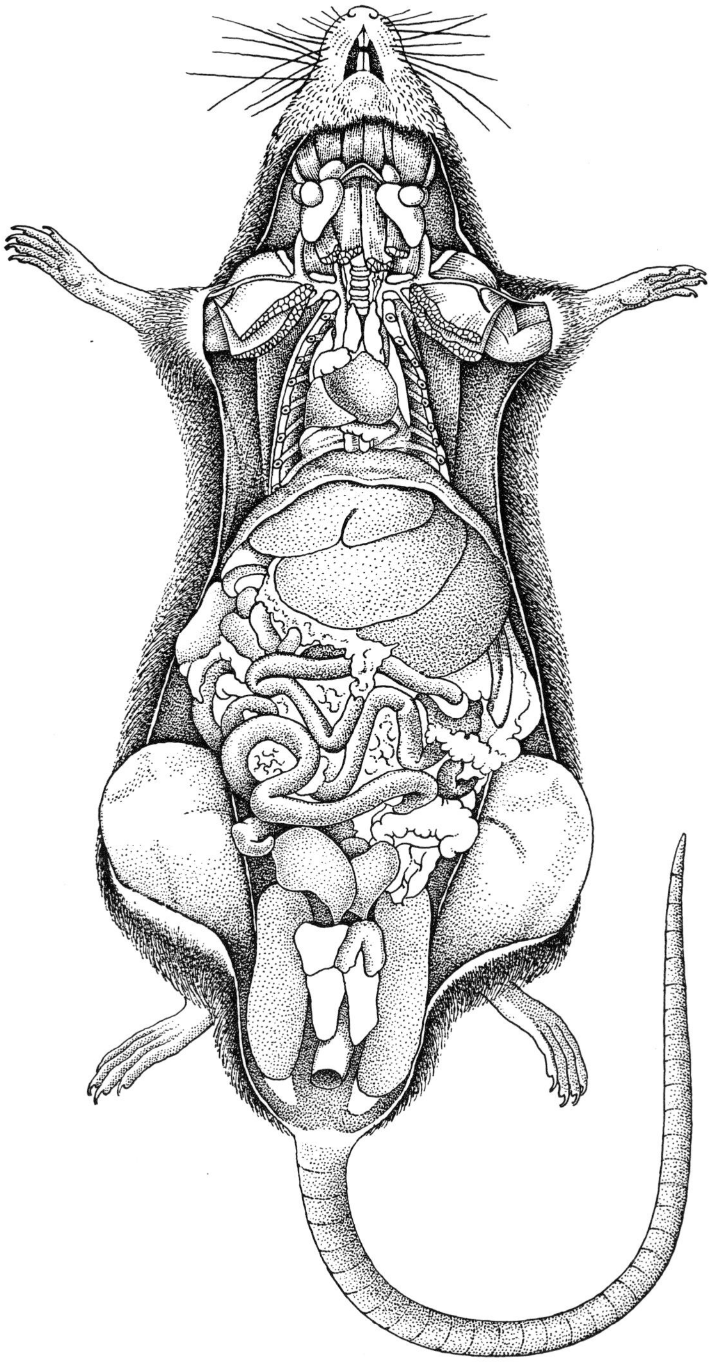

Abb. 25: Situs Ratte

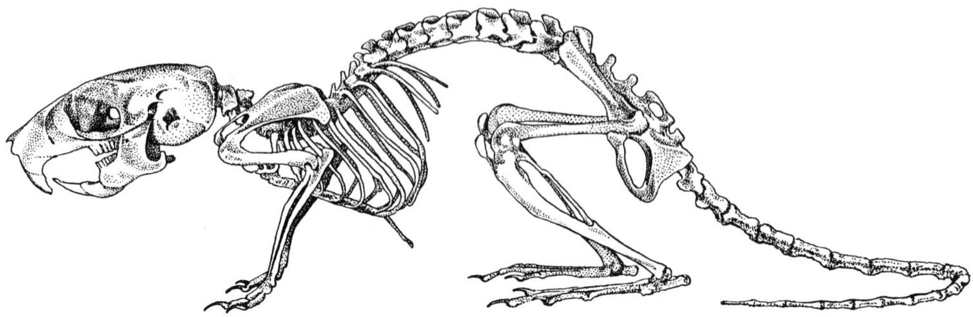

Abb. 26: Skelett Gerbil (Rennmaus)

entschieden haben, als in einem Krieg der Assyrer gegen die Ägypter die Mäuse auf den Befehl des Götterschmiedes und daher für die Rüstung zuständigen Hephaistos ebenfalls die Lederschlaufen der Schilde der Assyrer durchnagten und so entscheidenden Einfluß auf die strategischen Überlegungen nahmen.

Römische Frauen beschmierten ihre Männer heimlich mit Mäusekot, um »Fremdgehen« zu verhindern. Über den Erfolg wissen wir leider nichts.

Bereits vor mehreren tausend Jahren wurden Mäuse als Haustiere auch in Ägypten und China gehalten. Hier waren die weißen Mäuse heilig. Aus dem fernen Osten kommen auch die gescheckten Mäuse und die Tanzmäuse.

In der Medizin spielt die Maus eine ganz besondere Rolle. Bereits vor Urzeiten wurden Mäuse, Mäuseblut, Mäusedreck, Mäusehaare, Mäuseknochen als Heilmittel für die verschiedensten Krankheiten verwendet. In Wirklichkeit hat die Maus als Überträger von Erkrankungen an verheerenden Seuchenzügen des Altertums und des Mittelalters ihren Anteil, so verdanken z. B. Typhus, Pest und Leptospirose-Epidemien ihre Weiterverbreitung auch der Maus. Eine wichtige Rolle aber spielt die Maus in der modernen Medizin, wo sie als Versuchstier weltweite Verwendung in der Erforschung und der Erprobung von Medikamenten findet. Wegen der vielen Forschungsarbeiten gehört die Maus heute zu einem der besterforschten Lebewesen dieser Erde.

Wir unterscheiden mehr als 130 Mäusearten, wovon jedoch hier nur die Hausmaus behandelt werden soll. Hausmäuse gibt es nicht nur als graue und weiße Mäuse, sondern in unglaublich vielen Farbvarianten. Es gibt Vereine, in denen sich Mäusezüchter ausschließlich mit der Zucht neuer Farbvarianten beschäftigen. Jede Farbe hat einen international gültigen genetischen Code.

Die Hausmaus erreicht ein durchschnittliches Alter von 2–3 Jahren, vereinzelt sind Mäuse jedoch auch schon über 5 Jahre alt geworden. Die Geschlechtsreife der Tiere ist etwa mit 30–40 Tagen erreicht, das durchschnittliche Gewicht der ausgewachsenen Maus liegt zwischen 50 und 60 g. Die Weibchen sind etwas schwerer als die Männchen.

Mäuse können hervorragend riechen und hören. Die Tiere orientieren sich an Duftstraßen, die sie mit Urin markieren. Auch die Fußsohlen besitzen Drüsen, die bei jedem Tritt Geruchsstoffe abgeben.

Die Mäuse hören Frequenzen bis zu 100 000 Hertz und verständigen sich untereinander durch hohe Piepslaute. Niederfrequente Töne beachten die Mäuse kaum, dagegen signalisieren hohe Töne Gefahr. Im Handel sind Geräte erhältlich, die, an eine Steckdose angeschlossen, in kurzen Intervallen einen für Menschen nicht hörbaren Ton im Ultraschallbereich abgeben. Dieser Ton soll den Mäusen Gefahr signalisieren und sie damit abschrecken. Die Wirksamkeit dieser Geräte darf angezweifelt werden.

Ratte

Erst seit wenigen Jahren werden Ratten in verstärktem Maße als Heimtiere gehalten. Fast immer handelt es sich hierbei um Laboratoriumsratten, die von der Wanderratte *(Rattus norwegicus)* abstammen. Während sich die Hausratte *(Rattus rattus)* bereits vor Jahrtausenden den menschlichen Siedlungen in Europa angeschlossen hat, ist die ursprünglich aus dem asiatischen Raum stammende Wanderratte erst im Mittelalter in Europa heimisch geworden. Seither hat sich die Wanderratte über die ganze Welt verbreitet. Sie hat die einzelnen Länder fast immer von den Hafenstädten aus erobert, in die sie mit den Schiffen aus der Fremde gelangte. Da sie ein geschickter Kletterer ist, ist es für sie keine Schwierigkeit, über die Seile, mit denen die Schiffe am Ufer festgemacht sind, an Land zu gelangen. So verbreiteten sich die Tiere von Kontinent zu Kontinent.

Die Ratte gehört zu den wenigen Tierarten, die einen großen Einfluß auf den Fortgang der menschlichen Geschichte gehabt haben. Als Überträger von Leptospirose, Toxoplasmose, vor allem aber über den die Pest übertragenden Pestfloh, haben die Ratten maßgeblichen Anteil an verheerenden Seuchenzügen früherer Zeiten. In der Zeit von 1347 bis 1352 fiel jeder vierte Bewohner Europas der Pest zum Opfer. Während die Pest heute keine Rolle mehr spielt, verursachen Ratten weltweit große Schäden durch die Vernichtung von Nahrungsmitteln. Wilde Ratten werden systematisch bekämpft.

In der Mitte des letzten Jahrhunderts begann man in Europa, Albinoratten als Versuchstiere zu verwenden. Heute werden weltweit verschiedene Rattenstämme für die unterschiedlichsten Aufgaben in der Forschung gezüchtet. Am bekanntesten sind die Wistarratten, die aus dem Wistarinstitut in Philadelphia stammen. Ein weiterer bekannter Laboratoriumsrattenstamm ist der Long-Evans-Stamm. Bei diesem Rattenstamm handelt es sich nicht um Albinos, sondern die Tiere haben einen schwarzen Fleck oberhalb der Schulter. Wegen der vielen Forschungsarbeiten gehört die Ratte ebenso wie die Maus zu einem der besterforschten Lebewesen dieser Erde.

In der Gefangenschaft lebt die Ratte durchschnittlich 3 Jahre, es gibt aber auch Ratten, die über 7 Jahre alt werden. Die Geschlechtsreife der Tiere ist mit etwa 60–70 Tagen erreicht. Das durchschnittliche Gewicht der erwachsenen weißen Ratte beträgt 200–400 g.

Wild lebende Wanderratten leben in sozialen Verbänden. Das Verhalten der wild lebenden Ratten ist sehr interessant und hochentwickelt. In den sozialen Verbänden können z. B. weibliche Tiere ihre Jungen gemeinsam aufziehen. Hierbei werden die verschiedenen Jungtiere auch gemeinsam von den Rattenmüttern gesäugt, so daß auch im Falle des Todes eines der Muttertiere für die Aufzucht aller Jungtiere gesorgt ist.

Die Tiere erkennen einander am Geruch. Auch Ratten markieren ihre »Straßen« durch Urin.

Ratten hören sehr hochfrequente Töne und verständigen sich durch hohe Piepslaute.

5.2 Haltung und Fütterung

Haltung der Maus

Mäusehaltung ist nicht schwierig. Die Tiere haben keine besonderen Raum- und Pflegeansprüche. Mäuse sind Rudeltiere, die in der Natur in einem streng geordneten sozialen Verband leben. Jeder soziale Verband hat sein eigenes Revier, das durch Urinduftmarken abgegrenzt wird. Die Reviere können sehr klein sein, oft nur wenige Quadratmeter, in denen manche Mäuse ihr ganzes Leben zubringen. Die Tiere betreiben gegenseitige Fellpflege. Da die Rangordnung im sozialen Verband Schwankungen unterworfen ist, finden ständig Rangkämpfe statt.

Hierdurch wird deutlich, daß die Einzelhaltung zwar möglich ist, sofern dem Tier genügend Aufmerksamkeit und Bewegungsmöglichkeit entgegengebracht wird, die Haltung von zwei Mäusen jedoch wesentlich artgerechter ist. Wenn zwei Mäuse zusammen gehalten werden, müssen sie unbedingt das gleiche Geschlecht haben, wenn verhindert werden soll, daß die Mäusezahl ins Uferlose steigt. Sowohl zwei männliche als auch zwei weibliche Mäuse lassen sich gut zusammen halten.

Eine weibliche Maus kann im Jahr etwa 11mal werfen. Die Durchschnittszahl der Jungtiere eines Wurfs ist sechs. 24 Stunden nach dem Werfen kann das weibliche Tier erneut gedeckt werden. Die Tragzeit der Maus beträgt ungefähr 3 Wochen (21 Tage). Da die Jungtiere nach 4 Wochen bereits geschlechtsreif sein können, kann die Zahl der Mäuse, die man nach einem Jahr besitzt, wenn man die Haltung mit zwei verschiedengeschlechtlichen Tieren beginnt, beträchtlich sein.

Bei der Haltung einer einzelnen Maus ist der weiblichen Maus der Vorzug zu geben, da diese nicht so sehr wie die männlichen Tiere die unangenehme Eigenschaft haben, ihr Revier ständig mit Urin zu markieren. Einzelne Mäuse sind leicht sauberzuhalten, so daß von ihnen kaum Geruchsbelästigung ausgeht. Bei der Haltung von mehreren Mäusen ist jedoch bei aller Sauberkeit der typische Mäusegeruch nicht zu vermeiden. Mäusekäfige für die Haltung als Heimtiere erhält man im Zoofachhandel. Die Käfige sollten wenigstens eine Grundfläche von 40–40 cm haben und mit einem Laufrad und Klettergerüsten versehen sein, da Mäuse sehr viel Bewegung brauchen. Für die Mäusehaltung als Labortier gibt es spezielle Plexiglas-Draht-Käfige.

Glasbehälter oder besonders hohe Behältnisse, die nicht aus Drahtgeflecht sind, sind für die Mäusehaltung ungeeignet, da es zu einer nur mangelhaften Luftzirkulation im Inneren dieser Behältnisse kommt.

Die Tiere benötigen ein mit Zellstoff gefülltes Nistkästchen, als Einstreu sollten grobe Hobelspäne verwendet werden. Sägemehl und Torfmull verunreinigen sehr schnell und kleben leicht an den Tieren. Sie sind daher zur Einstreu ungeeignet.

Käfige aus Holz sind ungeeignet, weil Mäuse große Urinmengen produzieren. Da sie auch springen können, ist der Käfig mit einem Drahtgeflecht abzudecken.

Mäuse, die einmal aus ihrem Käfig entkommen sind, sind oft nur schwer wiederzufinden. Da die Mäuse ihren Pfleger nicht wiedererkennen, sie also kein ausgeprägtes Verhältnis zu ihrer Bezugsperson entwickeln, verwildern selbst zuvor noch so zahme Hausmäuse innerhalb von wenigen Tagen vollkommen.

Der Größe des Mäusekäfigs sind nach oben hin keine Grenzen gesetzt. Je größer eine Mäusebehausung ist, desto leichter lassen sich verschiedenartige Kletter- und Spielinstrumente in ihr einrichten. Die Tiere sind sehr bewegungsaktiv, so daß deren Beobachtung in einem großen Käfig mit Spielmöglichkeiten viel Freude macht. Die Spielgeräte sollten nicht aus Holz angefertigt sein, da die Tiere alles mit ihrem Urin markieren. Das saugfähige Holz nimmt den Urin auf und stinkt daher schon nach kurzer Zeit.

Der Raum, in dem die Mäuse gehalten werden, sollte gleichbleibende Temperaturen von etwa 18–20 °C aufweisen. Auch die gleichmäßige Beibehaltung einer relativen Luftfeuchtigkeit von etwa 50–60 % ist für das Wohlbefinden der Mäuse wichtig. In geheizten Räumen ist im Winter die Luft häufig zu trocken, Verdunster an den Heizungen oder eine gute Bepflanzung des Raumes erhöhen die Luftfeuchtigkeit.

■ Haltung der Ratte

Die Haltung von Ratten ist nicht schwierig, da die Tiere als Heimtiere keine besonderen Raum- und Pflegeansprüche stellen. Wenn man sich mit seinem Tier genügend beschäftigt, ist auch die Haltung als Einzeltier durchaus möglich. Was bei den Mäusen bereits erwähnt wurde, gilt auch für Ratten: Werden zwei Ratten gemeinsam gehalten, müssen sie unbedingt das gleiche Geschlecht haben, wenn verhindert werden soll, daß die Rattenzahl ins Uferlose steigt. Die Ratten sind friedliche Tiere, so daß sich zwei männliche Tiere oder zwei weibliche Tiere problemlos zusammen halten lassen.

Bei der Haltung einer einzelnen Ratte ist einer weiblichen Ratte gegenüber der männlichen der Vorzug zu geben, da diese nicht so sehr wie die männlichen Tiere die unangenehme Eigenschaft haben, ihr Revier ständig mit Urin zu markieren.

Ratten können vollkommen zahm werden und erkennen — im Gegensatz zu Mäusen — ihre Bezugsperson wieder. Wenn sie als Heimtier gehalten werden, müssen sie daher nicht unbedingt ausschließlich im Käfig gehalten werden. Ratten, die viel frei in der Wohnung umherlaufen dürfen, benötigen weniger große Käfige als Tiere, die stets im Käfig gehalten werden. Für die Käfighaltung eignen sich Ganzdrahtkäfige mit einer Schmutzauffangwanne, da sie sich besonders gut sauberhalten lassen. Für die Rattenhaltung als Labortier gibt es spezielle Plexiglas-Drahtkäfige mit Fütterungsautomaten (siehe Fütterung der Maus).

Da Ratten große Urinmengen produzieren, sind Käfige aus Holz ungeeignet. Wenn die Tiere nicht in einem Ganzdrahtkäfig untergebracht sind, müssen als Einstreu grobe Hobelspäne verwendet werden, Sägemehl und Torfmull verunreinigen sehr schnell und kleben dann leicht an den Tieren. Sie sind daher zur Einstreu ungeeignet.

An die Raumtemperatur stellen Ratten keine besonderen Ansprüche, die Temperaturen, bei denen sich Menschen wohlfühlen, 18–21 °C, liegen den Tieren besonders. Die gleichmäßige Beibehaltung einer relativen Luftfeuchtigkeit von etwa 50–60 % ist für das Wohlbefinden der Tiere wichtig. In geheizten Räumen ist im Winter die Luft oft zu trocken. Verdunster an den Heizungen oder eine gute Bepflanzung des Raumes verbessern die Luftfeuchtigkeit.

Ratten erreichen ihre Geschlechtsreife mit 6–8 Wochen. Das Östrusintervall dauert 4–5 Tage, der Östrus selbst 12 Stunden. Während dieser 12 Stunden werden die Ratten von vielen männlichen Tieren immer wieder gedeckt. Wenn nur eine männliche Ratte zur Verfügung steht, deckt diese die weibliche Ratte viele Male. Die Deckakte finden nachts statt. Nach einer Tragzeit von 20–23 Tagen wirft die weibliche Ratte 8–14 Junge, die 5–7 g wiegen. Die Jungtiere sind nackt und blind und öffnen ihre Augen zwischen dem 12. und 16. Lebenstag. Bis zum 10. Tag entwickeln sie ein vollständiges Fell. Mit etwa 20 Tagen können sie von der Mutter getrennt werden.

■ Fütterung der Maus

Der Nährstoffbedarf von Mäusen ist ausgiebig erforscht worden. Es gibt viele Veröffentlichungen über Mäuseernährung.

Für große Mäusezuchten gibt es ein pelletiertes Fertigfutter in großen Gebinden, das über Futterautomaten angeboten wird. Die Futterautomaten, die aus einer von oben in den Käfig hineinhängenden Drahtmulde bestehen, haben gegenüber der Fütterung mit dem Näpfchen den großen Vorteil, daß große Mengen Futter, die sonst verlorengehen, eingespart werden können. Bei der Fütterung der Mäuse unter Verwendung von Futternäpfen wird doch ein großer Teil des Futters mit Kot und Urin verunreinigt und muß weggeworfen werden, während das Futter in den Drahtmulden stets sauber bleibt und nur soviel davon Verwendung findet, wie auch wirklich verzehrt wird.

Bei der Haltung einer einzelnen Maus oder weniger Mäuse als Heimtiere wird das industriell vorgefertigte Pelletfutter nicht oft verfüttert. Zur Fütterung eignet sich Hühnerfutter, das mit Grünfuttergaben, die aus Salat, Gras, Obst oder Gemüse bestehen, ergänzt wird. Das Hühnerfutter darf jedoch kein Fischmehl und keine getrockneten Fischbestandteile oder Garnelen enthalten. Mäuse mögen die getrockneten Garnelen und den Fisch zwar sehr gern, sind jedoch durch die häufig in ihnen enthaltenen Salmonellen gefährdet. Zusätzlich zu der Körner- und Grünfütterung sollte trockenes Brot angeboten werden. Im übrigen kann Mäusen fast all das angeboten werden, was auch auf unserem Speiseplan steht, jedoch ohne Gewürze. Manche Mäuse mögen ein Stückchen Fleisch oder rohes Gehacktes. Speck schmeckt Mäusen besonders gut, wenn er angebraten ist. Wer Mäuse als Heimtiere hält, wird schnell herausfinden, welche besonderen Vorlieben seine Tiere entwickeln. Eine Maus mag gerne Pfirsich,

Abb. 27: Nur das linke Gefäß ist wegen seiner Standfestigkeit als Trinkgefäß geeignet

während die andere Maus Hühnerbrust vorzieht.

Im Idealfall besteht Mäuse- und Rattenfutter zu 20–25 % aus Proteinen, zu 5–10 % aus Fett und zu 50–60 % aus Kohlenhydraten. Der Rohfaseranteil sollte 2,5 % betragen.

Die Futtermenge, die Mäuse benötigen, ist unterschiedlich und sollte individuell festgelegt werden. Durch die Verfütterung von fettem Käse und fetter Wurst werden die Mäuse oft übergewichtig und träge. Daher dürfen diese »Fettmacher« nur sehr vorsichtig zugefüttert werden.

Die Tiere müssen stets Trinkwasser zur Verfügung haben, am besten eignet sich als Tränke ein an der Käfigseitenwand angebrachtes Wasserröhrchen. So bleibt das Wasser den ganzen Tag sauber und frisch. Steht nur ein Trinkwassernapf zur Verfügung, so ist dieser mehrmals täglich zu reinigen und das Wasser zu erneuern. Bei der Verwendung von Näpfen ist darauf zu achten, daß die Standfläche einen größeren Durchmesser als der obere Rand des Gefäßes hat, um eine gute Standfestigkeit zu gewährleisten.

■ Fütterung der Ratte

Für Rattenzuchten gibt es ein pelletiertes Fertigfutter, das sich ebenso zusammensetzt wie Mäusefutter: 20–25 % Proteine, 5–10 % Fett und 50–60 % Kohlenhydrate. Ratten sind Allesfresser. Sie ziehen Fleisch und Fisch pflanzlicher Kost vor. Ich kenne als Heimtiere gehaltene Ratten, die mit ihrem Besitzer gemeinsam frühstücken, zu Mittag und zu Abend essen und sich dabei auch vom Toastbrot bis zum Ei alles mit ihrem Besitzer teilen.

Die Tiere müssen stets Trinkwasser zur Verfügung haben. Am hygienischsten ist ein als Tränke an der Käfigseitenwand angebrachtes Wasserröhrchen. Das Wasserröhrchen bleibt den ganzen Tag sauber und frisch. In großen Rattenzuchten ist es empfehlenswert, das Wasser zu chloren (8–12 ppm) oder den pH-Wert zu senken, um die Ausbreitung von *Pseudomonas aeroginosa* über das Trinkwasser zu verhindern.

5.3 Physiologische Daten

■ Maus

Körperinnentemperatur	38,5–39,3 °C
Atemfrequenz	200/min
Puls	310–840
Geschlechtsreife	30–49 d
Trächtigkeitsdauer	21 d
Wurfgröße	6
Lebenserwartung	2 Jahre
Blutwerte	
Hämoglobin	12–14,9 g/100 ml
Hämatokrit	42–44 %
Erythrozyten	8,7–10,5 × 10^6/mm^3
Leukozyten	5,1–11,6 × 10^3/mm^3
Differentialblutbild	
Lymphozyten	63–75 %
Monozyten	0,7–2,6 %
Neutrophile	6,7–37,2 %
Eosinophile	0,9–3,8 %
Basophile	0–1,5 %
Bilirubin	0,18–0,54 mg/100 ml
Glukose	108–192 mg/100 ml
Kreatinin	0,5 mg/100 ml

■ Ratte

Körperinnentemperatur	37–38 °C
Atemfrequenz	85/min
Puls	300–500
Geschlechtsreife	60–70 d
Trächtigkeitsdauer	21–23 d
Wurfgröße	8–14
Lebenserwartung	2–3 Jahre
Blutwerte	
Hämoglobin	14,8 g/100 ml
Hämatokrit	40–50 %
Erythrozyten	7,2–9,6 × 10^6/mm^3
Leukozyten	8–14 × 10^3/mm^3
Differentialblutbild	
Lymphozyten	65–77 %
Monozyten	0–4 %
Neutrophile	13–30 %
Eosinophile	0–1 %
Basophile	0 %
Bilirubin	0,42 mg/100 ml
Glukose	50–115 mg/100 ml
Kreatinin	0,43 mg/100 ml

5.4 Allgemeine und spezielle Untersuchung

Eine Empfehlung für den allgemeinen Untersuchungsgang finden Sie in Kapitel 7.1.

Mäuse und Ratten können bei ungeschickter Handhabung sehr unangenehm beißen. Diesen Bissen entgeht man, indem man die Tiere am Nackenfell oder am Schwanz aufnimmt, wobei das Aufnehmen am Nackenfell in jedem Fall vorzuziehen ist. Für medizinische Untersuchungen oder Eingriffe oder Injektionen ist das Ergreifen der Tiere am Nackenfell, wobei der übrige Körper des Tieres in der Handinnenfläche fixiert wird, die beste Methode. Zur Untersuchung kann man handzahme Tiere in eine von der Hand gebildete Höhle schlüpfen lassen oder sie in einem mit einem Deckel aus Drahtgeflecht verschlossenen Einmachglas beobachten.

■ Geschlechtsdifferenzierung

Bei der erwachsenen männlichen Maus lassen sich die relativ großen Hoden gut als zapfenförmige Verdickung im Bereich der Schwanzwurzel erkennen. Diese Verdikkung an der Schwanzwurzel fehlt bei den weiblichen Tieren. Wenn man die Tiere in die Hand nimmt und auf den Rücken dreht, erkennt man den Unterschied zwischen männlichen und weiblichen Tieren am Anogenitalabstand, der beim männlichen Tier fast doppelt so groß ist wie bei der weiblichen Maus.

Die Geschlechtsdifferenzierung bei nicht geschlechtsreifen Jungtieren ist sehr schwierig.

Bei neugeborenen Mäusen, die noch eine unbehaarte Bauchhaut aufweisen, lassen sich bei den weiblichen Tieren deutlich die Gesäugeleisten durch die Zitzen erkennen.

■ Blutentnahme

Wer Erfahrung hat und darin geübt ist, kann den Mäusen und Ratten Blut aus der Punktion des *Plexus venosus retroorbitalis* entnehmen. Die Maus muß hierbei betäubt sein. Der Kopf wird zwischen Daumen und Zeigefinger gehalten, wobei der Daumen unmittelbar hinter dem Unterkiefer die Jugularvene durch Druck staut, während der Zeigefinger das obere Augenlid zurückzieht und durch Druck einen leichten Exophthalmus hervorruft. Mit einem Kapillarröhrchen kann man nun am vorderen Lidwinkel den venösen Orbitalsinus verletzen. Nach Zerreißen des Orbitalsinus steigt Blut im Kapillarröhrchen auf. Nach Abnehmen des Kapillarröhrchens und dem Wegfall des Venenstaus kommt die Blutung sehr schnell zum Stillstand.

Eine weitere Methode zur Blutentnahme ist die aus der Schwanzspitze. Diese Methode ist die einfachste. Es wird mit einer Schere an der Spitze des Schwanzes ein kleiner Scherenschlag ausgeführt, die entstehende Blutung wird nach Entnahme der notwendigen Blutmenge mit einem Thermokauter gestillt.

Bei der Ratte kann Blut auch durch das Abschneiden einer Kralle genommen werden.

■ Urin- und Kotuntersuchung

Eine Anleitung zu diesen Untersuchungen finden Sie im Kapitel »Meerschweinchen« in Abschnitt 1.4.

Ein guter Überblick über die verschiedenen diagnostischen Verfahren bei Parasitenbefall geben: Josef Boch und Rudolf Supperer, Veterinärmedizinische Parasitologie, Hamburg, Berlin: Paul Parey, 1983.

■ Hautuntersuchung

Neben den üblichen Hautuntersuchungsmethoden (Kapitel 1.4) kann bei Mäusen und Ratten aus größeren Beständen eine sehr einfache, aber wirkungsvolle Methode zur Auffindung von Ektoparasiten angewendet werden. Nach der Tötung eines der Tiere wird der Tierkörper auf ein schwarzes Blatt Papier gelegt. Der Tierkörper und das schwarze Papier werden mit einer Zellophanhülle verschlossen. Mit zunehmender Auskühlung des Tierkörpers versuchen die Ektoparasiten, diesen zu verlassen und lassen sich dann auf dem schwarzen Papier mit einem Vergrößerungsglas leicht ausmachen.

Wenn bei den Patienten der Verdacht auf eine Dermatomykose besteht, ist von der Randregion der Hauterscheinung eine Haarprobe zu nehmen. Die entnommene Haarprobe sollte unbedingt einem mykologischen Labor zur Verfügung gestellt werden. Leider dauert jedoch die Diagnostik einer Dermatomykose sehr lange. Im Verdachtsfall sollte man daher mit einer Therapie bereits beginnen, bevor das Ergebnis aus dem Labor, auf das man oft drei Wochen warten muß, vorliegt. Auch wenn die eingeschlagene Therapie Erfolg hat, ist die genaue Diagnose der Dermatomykose wegen der Gefahr der Übertragung auf den Menschen von Bedeutung.

■ **Röntgenuntersuchung**

Die Röntgenuntersuchung der Maus spielt in der Praxis keine Rolle.

5.5 Narkose

Unter Praxisbedingungen haben sich zwei Methoden zur Injektionsnarkose bei Maus und Ratte besonders bewährt. Eine operationsfähige Narkose ergibt die intraperitoneale Injektion von 6–9 mg pro 100 g Körpergewicht Pentobarbital.

Die Kombination von 8 mg pro 100 g Körpergewicht Ketamin HCl und 1,5 mg pro 100 g Körpergewicht Xylazin, in einer Mischspritze aufgezogen und intramuskulär verabreicht, ergibt eine gute Anästhesie, die jedoch für einen größeren chirurgischen Eingriff nicht ausreicht. Für größere chirurgische Eingriffe ist daher die intraperitoneale Injektion mit Pentobarbital besser geeignet.

Inhalationsmethoden sind für Praxisbedingungen weniger geeignet, aber selbstverständlich dennoch durchführbar.

Die Tiere sind während der Aufwachphase sehr anfällig für Temperaturverlust. Bei einem länger dauernden Eingriff oder während der Aufwachphase sollten sie daher unter einer Infrarotlampe oder auf einer Wärmflasche gelagert werden, damit die Körpertemperatur nicht zu stark absinkt.

5.6 Organerkrankungen

5.6.1 Hauterkrankungen

Hautprobleme sind ein häufiger Grund für das Vorstellen von Mäusen und Ratten in der tierärztlichen Praxis.

■ **Bißstellen**

Bei ständiger Unruhe im sozialen Verband der zusammen gehaltenen Tiere kann es zu häufigen Beißereien kommen. Die hierbei entstehenden Verletzungen im Kopf- und Halsbereich machen meist keine Therapie erforderlich, jedoch ist die Ursache der vielen Beißereien zu erforschen. Fast immer ist der Tierbestand für die Käfigausmaße zu groß, d. h., es sind für die Tiere nicht genügend Möglichkeiten vorhanden, sich aus dem Weg zu gehen.

■ **Ektoparasiten**

□ **Läuse und Haarlinge**

Bei Hauterkrankungen mit starkem Juckreiz sind Haut und Haare des Patienten mit einer Lupe genau zu untersuchen. Häufig sind Ektoparasiten die Ursache. Ektoparasiten bevorzugen die Kopf- und Rückenpar-

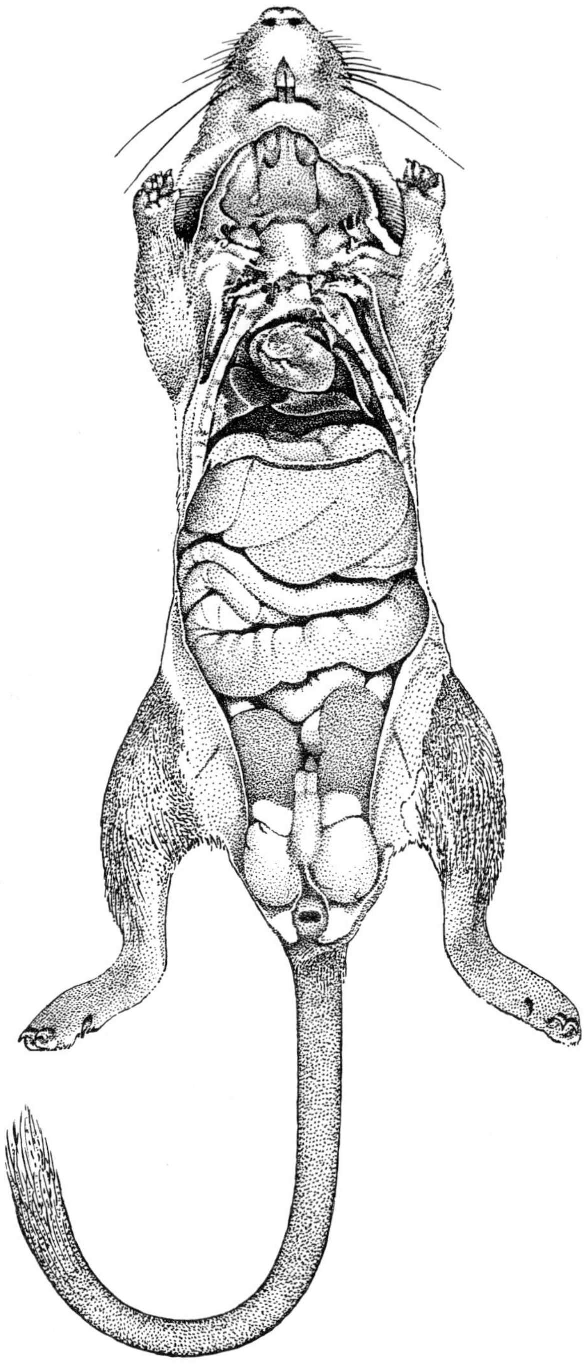

Abb. 28: Situs Gerbil (Rennmaus)

tien der Tiere, sind jedoch bei massenhaftem Befall über den ganzen Körper verteilt anzutreffen. Es gibt alle Formen von Hautschäden: Haarausfall, nässende und eitrige Dermatiden, verdickte Haut mit Schuppen, chronische Hautentzündungen, Hyperkeratose und Geschwürbildung. Starker Juckreiz kann dazu führen, daß die Tiere die Nahrungsaufnahme einstellen, kümmern und schließlich eingehen.

Die Mäuselaus *Polyplax serrata* und die Rattenlaus *Polyplax spinulosa* befestigen ihre Eier am Haarschaft. Sie ernähren sich vom Blut der Wirtstiere. Oft kommt es bei der Infektion zu einer allergischen Hautentzündung mit starkem Juckreiz. Die Milben können Krankheitsüberträger sein (Hemobartonella).

□ Milben

Mäuse und Ratten sind Wirtstiere für viele Milbenarten. Die wichtigsten sind *Myobia musculi, Ratfordia affinis, Myocoptis musculinus, Notoedres muris,* um nur einige zu nennen. Die Diagnose wird mit Hilfe des Mikroskops gestellt. Das Hautgeschabsel gibt diagnostisch oft keinen Aufschluß, da die meisten Milben der Mäuse *auf* der Haut und nicht *in* der Haut leben. Demodex- und Sarkoptes-Milben werden bei Mäusen nicht beobachtet. Therapeutisch werden die Tiere mit einer 0,15%igen Neguvon®-Lösung (Bayer) eingesprüht. Die Therapie ist nach 4 und 8 Tagen zu wiederholen. Es genügt nicht, lediglich die Tiere mit der Neguvon®-Lösung anzusprühen, auch der gesamte Käfig ist in die Behandlung mit einzubeziehen.

Auch Dichlorphos kann therapeutisch eingesetzt werden. Mit Dichlorphos beschichtete Strips (Vapona®) können außerhalb der Käfige befestigt werden. Aus ihnen entweicht ein Gas, das die Ektoparasiten tötet.

Milben können auch durch 2 Injektionen mit jeweils 200 mg/kg Ivermectin (Ivomec®) im Abstand von einer Woche erfolgreich bekämpft werden.

Ebenfalls möglich ist das Einpudern der Tiere mit Alugan® (Hoechst). Auch hier müssen die Stallungen und Lagerstätten der Tiere mitbehandelt werden. Tauchbäder in 0,6 % Alugan®-Lösung können ebenfalls therapeutisch eingesetzt werden.

■ Dermatomykosen

Die **Trichophytie** ist eine Zoonose, die von der Maus und der Ratte auf den Menschen übertragen werden kann. Der Erreger ist *Trichophyton mentagrophytes.* Der Pilz kann lokale Hauterscheinungen bei den Tieren hervorrufen, ist jedoch in der Mehrzahl der Fälle ohne klinische Erscheinungen vorhanden.

Eine Therapie ist bei den Tieren nur schwer durchzuführen. Wegen der Übertragbarkeit der Trichophytie auf den Menschen ist von einer Therapie auch abzuraten. Griseofulvin kann bei Mäusen nicht eingesetzt werden, es bleibt daher lediglich die Möglichkeit einer lokalen Behandlung mit fungiziden Lösungen.

Bei Mäusen und Ratten, die als Heimtiere gehalten werden, sind Ektoparasiten und Dermatomykosen fast immer auf den Kontakt mit »wilden« Mäusen zurückzuführen. Kontakt zwischen den Heimtieren und den wilden Mäusen sollte schon deshalb nach Möglichkeit verhindert werden, weil einige der übertragenen Krankheiten nicht nur für die Heimtiere, sondern auch für den Menschen gefährlich werden können.

■ Biotinmangeldermatitis

Biotin oder Vitamin H wird von Darmbakterien synthetisiert. Eine längere Gabe von Antibiotika kann eine Zerstörung der Bakterienflora im Darm bewirken. Dies führt zu einer Unterversorgung des Organismus mit Biotin. In der Folge kommt es zu einer Biotinmangeldermatitis. Die Haare fallen aus, die Haut wird rot, sie verdickt und juckt, es kommt zu bakteriellen Infektionen der geschädigten Haut und zur Ausbildung von nässenden und eitrigen Dermatitiden.

Neben der lokalen Behandlung der Hautschäden ist die Ursache für die Biotinmangeldermatitis abzustellen, d. h. die Darmflora muß neu gebildet werden. Hierzu verrührt man in einem Becherglas Kot von gesunden Mäusen mit etwas Wasser und gibt der kranken Maus die Suspension mit Hilfe einer Einmalspritze oral ein, um ihr so Darmbakterien zur Verfügung zu stellen. Die Gabe von Antibiotika muß eingestellt werden.

■ Mäusepocken

Mäusepocken werden durch ein Virus der Orthopoxvirusgruppe hervorgerufen (Ektromelievirus). Die Mäusepocken können symptomlos, chronisch oder akut verlaufen. Der symptomlose Verlauf geht zwar ohne klinische Erscheinungen einher, jedoch sind die Tiere infektiös. Bei akutem Verlauf können die Tiere innerhalb von wenigen Tagen sterben. Hierbei kann ein struppiges Fell Stunden vor dem Tod das einzige Symptom sein. Bei Mäusen, die die akute Infektion überleben, entwickelt sich nach einigen Tagen als erstes sichtbares Symptom der chronischen Form eine haarlose geschwürige Hautläsion. Oft schwillt ein Fuß an. Mit fortschreitender Erkrankung verteilen sich weitere Hautläsionen über den ganzen Körper. Ohren und Gliedmaßen können ebenfalls betroffen sein. Kommt es zu einer vollständigen Ausheilung der Erkrankung, bleiben Narben im Fell zurück. Nach einer überstandenen Pockenerkrankung sind die Tiere immun.

In Labors, in denen eine große Anzahl von Mäusen gehalten werden, sind die Mäusepocken eine gefürchtete Seuche. Da ihr therapeutisch nicht begegnet werden kann, können die Bestände am besten dadurch geschützt werden, daß neu hinzugekaufte Tiere eine Zeitlang in Quarantäne verbleiben. Eine Impfung gegen Mäusepocken ist möglich, sie schützt jedoch nicht vor der Infektion, sondern lediglich vor dem Verlauf mit klinischen Erscheinungen. Pokkenresistente Mäusestämme sind im Handel.

■ Ringtail-Syndrom

An der Schwanzwurzel von Mäusen kann es zu ringförmigen, nekrotischen Läsionen kommen. Hierbei handelt es sich um das sogenannte »Ringtail-Syndrom«. Die Ursache für dieses Syndrom ist eine zu geringe Luftfeuchtigkeit. Die Hauterscheinungen verschwinden wieder vollständig, wenn die Luftfeuchtigkeit auf 50–55 % erhöht wird.

5.6.2 Herz- und Kreislauferkrankungen

Herz- und Kreislauferkrankungen sind bei Mäusen und Ratten beschrieben worden, spielen jedoch in der Praxis keine Rolle.

5.6.3 Erkrankungen der Atmungsorgane

■ Murine Respiratory Mycoplasmosis (MRM)

MRM ist eine Erkrankung der Atemwege mit den Symptomen der Rhinitis, *Otitis media* und Pneumonie bei Mäusen und Ratten. Die Erkrankung ist vermutlich eine Mischinfektion, wobei als Haupterreger *Mykoplasma pulmonis* eine Rolle spielt. Symptomatisch beginnt die Erkrankung zunächst mit klarem Nasenausfluß und Lymphknotenschwellungen. Der Nasenausfluß wird später eitrig, eine *Otitis media* kommt dazu, die Tiere halten den Kopf schief, schließlich bildet sich eine Pneumonie aus, die Tiere atmen schwer mit deutlichen Atemgeräuschen. Die Symptome allein lassen nicht mit Sicherheit auf MRM schließen, weil auch eine durch das Sendaivirus hervorgerufene Pneumonie mit den gleichen Symptomen verläuft. Bei großen Tierbeständen muß daher unbedingt ein Erregernachweis durchgeführt werden. Bei einzeln gehaltenen Tieren kann eine Therapie mit 10 mg pro kg Körpergewicht Tetracyclin im oder s. c. versucht werden. Die auf diese Weise behandelten Tiere zeigen zwar häufig eine rasche Besserung, sind jedoch nach wie vor für gesunde Tiere infektiös. In großen Beständen sind daher die zweifelsfrei erkrankten Tiere zu töten.

■ Sendaivirus-Pneumonie

Das Sendaivirus gehört zu den Paramyxoviren und ist dem Parainfluenzavirus des Menschen sehr ähnlich. Ob Mensch und Maus sich wechselseitig infizieren können, ist bisher nicht bekannt. Erwachsene Mäuse mit einer Sendaiviruspneumonie sitzen mit struppigem Fell in der Ecke des Käfigs. Sie zeigen Atemnot und verlieren rasch an

Gewicht, Todesfälle sind möglich. Gefährdeter als erwachsene Mäuse sind junge Mäuse im Alter bis zu 12 Tagen. Für Mäuse im Säuglingsalter ist die Erkrankung fast immer tödlich. Da das Sendaivirus die Abwehrkraft des befallenen Organismus stark herabsetzt, sind die Mäuse durch Antibiotika (Tetracyclin 5 mg pro kg Körpergewicht intramuskulär) vor einer zusätzlichen bakteriellen Infektion zu schützen.

Bei erwachsenen Mäusen sind die Heilungsaussichten relativ gut. Für große Bestände besteht die Möglichkeit einer Impfung, die einen kurzfristigen Schutz verleiht.

■ Mäusepneumonievirus

Das zu den Paramyxoviren gehörende Mäusepneumonievirus verursacht einen oft unbemerkten Krankheitsverlauf, kann jedoch mit den klinischen Symptomen einer Pneumonie auftreten. Die Bedeutung für die Praxis ist gering, serologische Tests können große zu Forschungszwecken gehaltene Mäusebestände vor Verlusten schützen.

Wie bei den meisten Infektionskrankheiten, so können auch bei den Pneumonien schlechte Haltungsbedingungen und schlechtes Futter auf Infektion und Ausbreitung sowie Schwere der Erkrankung Einfluß nehmen. In jedem Fall sind die erkrankten Tiere von den gesunden zu trennen. In größeren Beständen sind die gesunden Tiere stets *vor* den kranken Tieren zu betreuen, und eine gründliche Desinfektion der Hände nach dem Berühren ist selbstverständlich, um mit größtmöglicher Sicherheit auszuschließen, daß die Erreger auf die gesunden Tiere übertragen werden. Die klinischen Erscheinungsbilder sind trotz der Verschiedenheit der Erreger sehr ähnlich, in großen Beständen muß daher in jedem Fall eins der erkrankten Tiere getötet und einer genauen Diagnostik unterzogen werden. Bei Mäusen, die als Heimtiere gehalten werden, schützt am besten eine gute Hygiene, optimale Haltungsbedingungen und eine bestmögliche Nährstoffversorgung vor dem Auftreten von Pneumonien. Neu hinzugekaufte Mäuse sollten auf keinen Fall sofort zu den bereits vorhandenen Mäusen hinzugesetzt werden. Eine Beobachtung unter Quarantänebedingungen sollte in jedem Fall durchgeführt werden.

Eine große Zahl bakterieller Pneumonieerreger ist in der Lage, Pneumonien bei Mäusen hervorzurufen. Als Beispiele seien genannt: *Streptococcus pyogenes, Diplococcus pneumoniae, Haemophilus influenza murium, Pasteurella pneumotropica, Bordetella bronchiseptica.* Therapeutisch können ein- bis zweimalige Injektionen mit Tylosin 0,2 bis 0,4 mg pro 100 g Körpergewicht intramuskulär oder die orale Gabe von Tetracyclin bis zu 5 mg pro ml Trinkwasser angewandt werden.

5.6.4 Erkrankungen der Verdauungsorgane

■ Enteritiden

Durchfallerkrankungen sind bei Mäusen häufig und nehmen nicht selten einen seuchenhaften Charakter an. Dies um so mehr, wenn sie von Viren hervorgerufen werden, wie z. B. dem EDM-Virus (Epizootic Diarrhea of infant mice), dem Reovirus 3 oder dem Mäusecoronavirus (Mäusehepatitis). Diesen Viruserkrankungen ist gemeinsam, daß sie besonders Jungtiere im Säuglingsalter befallen und dort schwere Verluste anrichten. Die Tiere bekommen Durchfall, nehmen rasch ab und können sterben. Erwachsene Tiere bleiben meistens symptomlos. Da es für die vorgenannten Infektionskrankheiten keine sicheren Therapien gibt, wird die Vorbeugung besonders wichtig. Sauberkeit und eine Quarantänezeit für hinzugekaufte Mäuse sowie ein sicherer Schutz vor wilden Mäusen sowie eine optimale Ernährung sind die besten Voraussetzungen für die Gesunderhaltung der Tiere.

□ Salmonellose

Salmonella typhimurium ruft bei der Maus die Salmonellose mit dem Hauptsymptom eines starken, oft blutigen Durchfalls hervor. Die Durchfälle werden oft von Symptomen im Bereich der Atmungsorgane begleitet. Im akuten Fall tritt der Tod innerhalb von 48 Stunden ein, bei der subakuten Form der Salmonellose kann es zu Lähmungen der Hinterbeine kommen, die Augen sind verklebt und der Kopf ist geschwollen und erinnert an die Symptome der Myxomatose beim Kaninchen. Bei dieser subakuten Form tritt der Tod häufig erst nach 2 Wochen ein.

Von einer antibiotischen Therapie bei der Salmonellose ist abzuraten, da die Erfolgsaussichten gering sind und die Tiere dauernde Erregerausscheider werden können. *Kinder sind von den erkrankten Mäusen unbedingt fernzuhalten,* ebenso wie andere Haustiere, die sich infizieren können.

□ Tyzzer's Disease

Die nach ihrem Entdecker ERNST TYZZER benannte Tyzzer's Disease wurde zuerst bei japanischen Tanzmäusen beschrieben. Sie wird hervorgerufen von *Bacillus piliformis* und gehört zu den mit Durchfall und Darmentzündung einhergehenden bakteriellen Erkrankungen. Die erkrankten Mäuse sterben innerhalb von 48 Stunden nach Auftreten der ersten Durchfälle. Der Einsatz von Tetracyclin bei der Behandlung von Tyzzer's Disease (0,5 g pro 100 ml Trinkwasser) ist beschrieben worden, erscheint jedoch nicht erfolgversprechend, zumal angenommen wird, daß *Bacillus piliformis* Sporen bilden kann. Da jedoch bekannt ist, daß *Bacillus piliformis* seine krankmachende Wirkung erst beim Zusammentreffen mit anderen Faktoren wie Streß, Mangelerkrankungen oder schlechten hygienischen Zuständen entfalten kann, ist das Auftreten dieser Erkrankung immer auch ein Indiz für mangelhafte Haltungsbedingungen.

□ Colibazillose

Bei einer Störung der Darmflora kann es plötzlich zu einer massenhaften Vermehrung von *Escherichia coli* kommen. *Escherichia coli* ist fast überall zugegen und hat normalerweise keine krankmachende Wirkung. Durch die massenhafte Vermehrung eines für Mäuse untypischen Darmbakteriums kommt es jedoch zu heftigen Durchfällen, die innerhalb weniger Tage zum Tod führen. Eine antibiotische Therapie führt nur in seltenen Fällen zum Erfolg, da gerade sie sehr häufig die Ursache für die Verschiebung der Darmflora darstellt.

Auch bei dieser Erkrankung spielen häufig mangelnde hygienische Bedingungen eine unterstützende Rolle, da Mäuse bei sauberem Trinkwasser und sauberem Futter nicht mit *Escherichia coli* in Berührung kommen.

Weitere Enteritiden werden u. a. verursacht durch *Clostridium perfringens, Pseudomonas aeruginosa, Citrobacter freundii.* Wegen der Vielzahl der möglichen Erreger ist bei der Behandlung größerer Bestände, wenn eine solche überhaupt wirtschaftlich vertretbar ist, in jedem Fall ein Erregernachweis mit Resistenztest durchzuführen. Bei der Behandlung einzelner als Heimtiere gehaltener Hausmäuse sollte eine antibiotische Therapie mit Tetracyclin 5 mg/ml Trinkwasser versucht werden. In jedem Fall sind die hygienischen Haltungsbedingungen zu überprüfen. Bei Durchfällen sollte zusätzlich zur antibiotischen Versorgung eine diätetische Therapie eingesetzt werden. Die Mäuse bekommen dünnen schwarzen Tee zu trinken und erhalten lediglich Zwieback zu essen. In jedem Fall sind bei der Haltung mehrerer Tiere die erkrankten Tiere sofort von den gesunden Tieren abzusondern.

■ Endoparasiten

□ Protozoeninfektion

Giardia muris kann bei Mäusen Durchfall hervorrufen. Die Infektion verläuft häufig symptomlos. Therapeutisch wird 0,1 % Dimetridazol über 14 Tage dem Trinkwasser hinzugefügt.

Bei kümmernden Mäusen, die mit struppigem Fell und mager in ihrem Käfig sitzen, ist eine Kotuntersuchung auf jedem Fall an-

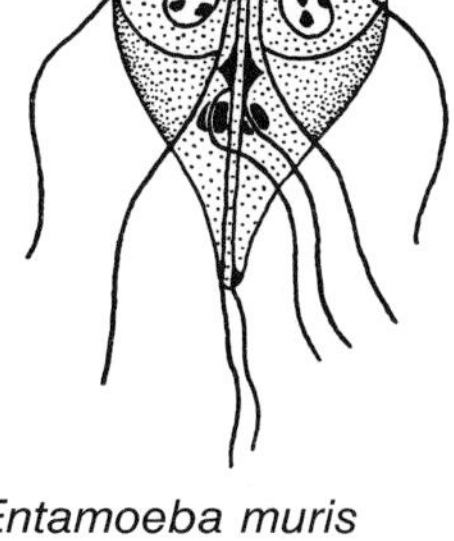

Abb. 29: *Entamoeba muris*

gezeigt. *Spironucleus muris* und *Eimeria falciformis* können ebenso wie *Giardia muris* zu Durchfällen und Kümmern führen. Auch hier wird als Behandlung empfohlen, Dimitridazol über 14 Tage dem Trinkwasser in einer Konzentration von 0,1 % beizufügen. Weitere Protozooen sind *Entamoeba muris* und *Cryptosporidium muris* sowie *Tritrichomonas muris,* die bei Mäusen nachgewiesen werden können, ohne jedoch eine krankmachende Wirkung auf die Tiere selbst zu haben.

□ Rundwurmbefall

Rundwurmbefall führt bei Mäusen nur selten zu klinischen Symptomen, allenfalls ein leichter Durchfall oder struppiges Fell können bei starkem Wurmbefall festgestellt werden. Todesfälle sind sehr selten. *Syphacia obvelata* und *Articularis detraptera* sind häufig gemeinsam bei der Maus anzutreffen. Besonders anfällig für eine Infektion sind Mäuse im Alter von 4–5 Wochen, daher sollte man bei diesen Tieren in jedem Fall eine parasitologische Untersuchung durchführen. Therapeutisch wird das Trinkwasser eine Woche lang mit 200–400 mg Piperazinzitrat pro Liter Wasser versetzt. Nach einer Woche wird die Therapie für eine Woche unterbrochen und in der darauffolgenden Woche erneut für eine Woche durchgeführt. Auf diese Weise werden auch die unreifen Wurmstadien miterfaßt. Auch Mebendazole, Thiabendazole und Dichlorphos haben eine gute therapeutische Wirkung. Diese Medikamente lassen sich jedoch nicht so leicht verabreichen wie das Piperazinzitrat.

□ Bandwurmbefall

Der häufigste Bandwurmbefund bei der Maus ist *Hymenolepis nana.* Da *Hymenolepis nana* auch auf den Menschen übertragen werden kann, ist beim Umgang mit erkrankten Tieren auf besondere Hygiene Wert zu legen. Andere Bandwurmarten sind bei der Maus nur selten zu finden. Therapeutisch können Thiabendazol oder Niclosamid angewendet werden.

■ Rektumvorfall

Bei Mäusen mit einem starken Wurmbefall kann es ab der 3. Lebenswoche zu einem Rektumvorfall kommen. Bei Tieren, die in der Praxis mit einem Rektumvorfall vorgestellt werden, ist eine Kotuntersuchung auf das Vorhandensein von Endoparasiten immer durchzuführen. In vielen Fällen läßt sich der Prolaps mit Hilfe eines mit einer antibiotischen Salbe eingefetteten kleinen Fieberthermometers gut reponieren. Der Wurmbefall muß behandelt werden.

Es kann nicht oft genug darauf hingewiesen werden, daß auch beim Befall der Mäuse mit Endoparasiten die Haltungsbedingungen eine große Rolle spielen.

5.6.5 Erkrankungen der Harnorgane

■ Glomerolunonephritis

Von den Erkrankungen der Harnorgane der Mäuse ist die Glomerolunonephritis die häufigste. Klinisch äußert sie sich in Kümmern (Wasting Disease), Gewichtsverlust und Eiweißausscheidung über den Urin. Fast immer geht diese Erkrankung mit einer chronischen Viruserkrankung einher. Die Tiere sterben. Eine erfolgreiche Therapie ist nicht bekannt.

■ Cystitis

Die Cystitis ist bei Maus und Ratte schwer zu erkennen, oft wird sie erst bemerkt, wenn den winzigen Urintröpfchen Blut beigemengt ist. Die Erreger sind *Pseudomonas aeruginosa* und *Proteus mirabilis.* Therapeutisch kann Tetracyclin 3–5 mg pro ml Trinkwasser angewandt werden.

5.6.6 Erkrankungen der Geschlechtsorgane

■ Murine genitale Mykoplasmose (MRM)

Mycoplasma pulmonis kann bei Mäuse- und Rattenweibchen eine Infektion im Genitaltrakt hervorrufen. Fast immer bleiben die Infektionen unbemerkt. Bei Zuchttieren wird festgestellt, daß die Tiere nicht tragend werden oder verwerfen. In schweren Fällen kann es zu einer Pyometra kommen. In großen Beständen sollten die Tiere, bei denen die Erkrankung festgestellt wird, getötet werden. Bei einzeln als Heimtier gehaltenen Tieren kann eine Therapie mit 10 mg pro kg Körpergewicht Tetracyclin täglich als Injektion versucht werden.

5.6.7 Erkrankungen der Sinnesorgane und des Nervensystems

■ Auge

Bei alten Mäusen können Linsentrübungen beobachtet werden, die jedoch therapeutisch nicht zu beeinflussen sind. Auch Mikrophthalmus und *Retinitis mentosa* sind bei Mäusen bekannt. Hierbei handelt es sich um Erbkrankheiten, deren Behandlung keinen Erfolg hat.

■ Ohr

Durch Infektionen mit *Pseudomonas aeruginosa,* aber auch anderen Keimen, kann es zur Ausbildung einer Otitis kommen. Die Tiere halten den Kopf schief und haben in schweren Fällen Gleichgewichtsstörungen. Da die Symptome leicht auf eine Erkrankung des zentralen Nervensystems schließen lassen, die ohne Heilungsaussichten ist und zur Tötung des Tieres führt, muß durch Anamnese und genaue Beobachtung des Tieres die richtige Diagnose ermittelt werden. Otitis wird behandelt durch mehrfaches tägliches Einbringen von Furacin otalgicum® oder Paraxin® in den äußeren Gehörgang.

■ Nervensystem

□ Encephalomyelitis

Durch ein Virus wird bei Mäusen eine Encephalomyelitis hervorgerufen, die klinisch zunächst durch Schwäche und dann durch Lähmung der Hintergliedmaßen, wobei der Schwanz noch beweglich bleibt, auftritt. Die Krankheit führt zum Tode. Wegen der Infektionsgefahr sind befallene Tiere zu töten. Die Encephalomyelitits ist noch nie bei wilden Mäusen beobachtet worden. Das Auftreten der Erkrankung ist jedoch bei Laboratoriumsmäusen nicht selten.

Zahlreiche durch Viren hervorgerufene Erkrankungen mit den Symptomen Lähmungserscheinungen oder Rollbewegungen (Rollkrankheit) sind bekannt. Keine von diesen Erkrankungen ist therapeutisch zu beeinflussen, die befallenen Tiere sind zu töten.

□ Lymphozytäre Choriomeningitis (LCM)

Die lymphozytäre Choriomeningitis (LCM) wird von einem Arenavirus hervorgerufen und ist auf den Menschen übertragbar. Die klinischen Symptome bei der Maus sind sehr verschieden. Ein Schlüsselsymptom ist jedoch heftiges Zittern und Krämpfe von Kot und Gliedmaßen, die auftreten, wenn die erkrankten Mäuse am Schwanz hochgehalten werden. Die Krankheit heilt entweder spontan oder die erkrankten Tiere sterben. Sehr leicht erkranken junge Mäuse, jedoch verläuft die Erkrankung fast immer symptomlos. Außer den beschriebenen Krämpfen sind mögliche Symptome Kümmern und struppiges Fell.

Bei Menschen ruft das LCM-Virus Meningitis, Encephalitis, Lymphknotenschwellung oder auch nur einen grippeähnlichen Symptomenkomplex hervor. Die Krankheit heilt meist spontan, zu Todesfällen kommt es nur selten. Bei einer Infektion schwangerer Frauen mit dem LCM-Virus kann es jedoch zu Totgeburten, Hydrocephalus und Mißbildung des Kindes kommen. **Von der Anschaffung von Mäusen als Heimtier ist während einer Schwangerschaft daher dringend abzuraten.** Tiere, die bereits vorher in der Familie gehalten wurden, sind ungefährlich.

5.6.8 Weitere Erkrankungen

■ Leptospirose

Die Leptospirose wird hervorgerufen durch eine Vielzahl von verschiedenen Leptospiren und ist eine Zoonose. Als Beispiele von Leptospiren, die von der Maus übertragen werden können, seien *L. autumnalis, L. heptomadis, L. australis, L. bataviae, L. ballum, L. sejrö, L. grippotyphosa* genannt. Der Verlauf der Erkrankung beim Menschen ist sehr unterschiedlich: Leberentzündungen, heftige Fieberschübe, intermittierendes Fieber, Ikterus, Nephritis, Meningitis und nahezu symptomloser Verlauf sind bekannt.

Bei der Maus verläuft die Leptospirose fast immer symptomlos. Die Diagnose kann daher nur auf serologischem Weg gestellt werden. Prophylaktisch kann eine 10 Tage währende Therapie mit Chlortetracyclinhydrochlorid, das dem Futter in einer Konzentration von 1 g pro kg zugesetzt wird, durchgeführt werden.

■ Streptobazillose

Die Streptobazillose, die hervorgerufen wird von *Streptobacillus moniliformis,* kann auf den Menschen übertragen werden und führt zur Rattenbißkrankheit (Haverhil-Fieber, nachdem im Jahre 1926 in dem Ort Haverhill in den USA ein großer Teil der Bevölkerung an der Streptobazillose erkrankte). Die Sterblichkeit beim Menschen ist gering, ungefähr 4 Tage nach dem Biß kommt es zu grippeähnlichen Erkrankungen mit Fieber, Schüttelfrost und Gliederschmerzen. Die Dauer der Erkrankung beträgt bis zu 2 Monate. Bei Mäusen verläuft die Streptobazillose entweder akut, dann sterben die Tiere innerhalb von 1–3 Tagen; überleben sie die akute Phase, kommt es zur Ausbildung der chronischen Form, die mit Lähmungserscheinungen, Bindehautentzündungen, Durchfall, Arthritis und Fehlgeburten einhergehen kann. Die Krankheit wird von wild lebenden Mäusen und Ratten auf die Heim- oder Laboratoriumsmäuse übertragen. Eine Therapie mit Antibiotika kann versucht werden. Die Prognose ist jedoch ungünstig.

■ Zubildungen

Viele Zubildungen sind bei Ratten und Mäusen im Tierversuch hervorgerufen und erforscht worden. In der Praxis spielen Zubildungen jedoch keine Rolle.

5.7 Literatur

BENNET, J. P., & B. H. VICKERY, 1970: Rats and mice. In: Reproduction und Breeding Techniques for Laboratory Animals (E. S. E. HAFEZ, ed.), pp. 299—315. Philadelphia: Lea & Febiger.

BIELFELD, H., 1986: Mäuse — Pflege, Ernährung, Krankheiten, Verhalten, Zucht. München: Gräfe und Unzer.

BRANDT, H. P., 1972: Goldhamster, Meerschweinchen und andere Liebhabertiere in der Allgemeinpraxis. Der prakt. Tierarzt **13,** 539—542.

BRIODY, B. A., 1959: Response of mice to ectromelia and vaccinia viruses. Bacteriol. Rev. **23,** 61—95.

BRONSON, F. H., C. P. DAGG, & G. D. SNELL, 1966: Reproduction. In: Biology of the Laboratory Mouse (E. L. GREEN, ed.) 2nd, ed., pp. 187—204, New York: McGraw-Hill.

CASSELL, G. H., J. R. LINDSEY, H. J. BAKER, & J. K. DAVIS, 1979: Mycoplasmal and rickettsial diseases. In: The Laboratory Rat (H. J. BAKER, J. R. LINDSEY, & S. H. WEISBROTH, eds.). Vol. **1,** pp. 243—269. New York: Academic Press.

CASSELL, G. H., J. R. LINDSEY, J. K. DAVIS, M. K. DAVIDSON, M. B. BROWN, & J. G. MAYO, 1981 a: Detection of natural Mycoplasma pulmonis infection in rats and mice by an enzyme-linked immunosorbent assay (ELISA), Lab. Anim. Sci. **31,** 676—682.

COLEMAN, D. L., 1982: Diabetes-obesity syndromes. In: The Mouse in Biomedical Research (H. L. FOSTER, J. D. SMALL, & J. G. FOX, eds.). Vol. **4,** p. 125. New York: Academic Press.

COX, H. W., & GL. CALAF-ITURRI, 1975: Autoimmune factors associated with anaemia in acute Haemobartonella and Eperythrozoon infections of rodents. Annals of Tropical Medicine and Parasitology, Vol. **70** (1), 73—77.

ERHARDT, W., L. WRIEDT-LÜBKE, M. L. SCHMELLER, G. NEUMANN, CH. PFEIFFER, U. PFEIFFER, W. TÖLLE & G. BLÜMEL, 1979: Anästhesiologische Erfahrungen in der experimentellen Chirurgie. Anästhesist **28,** 359—367.

FOX, J. G., C. M. BEAUCAGE, & J. C. MURPHY, 1979: **Corynebacterium kutscheri pneumonia** in rats on long term tobacco inhalation studies. 3oth Ann. Mtng. Am. Ass. Lab. Anim. Sci. Abs. 104.

FOX, J. M., B. J. COHEN, & F. M. LOEW, 1984: Laboratory Animal Medicine. Orlando: Academic Press.

FRITSCH, R., 1971: Die Anästhesie beim Versuchstier. Lehrbuch der Anästhesie und Wiederbelebung (FREY, HÜGIN, MAYRHOFER, Hrsg.). 2. Aufl. Heidelberg: Springer.

GREGSON, J. D., 1959: Tick Paralysis in Groundhogs, Guinea Pigs and Hamsters. Cand. J. Comp. Med. Met. Sc. **23** (8), 266—267.

HARTMANN, H. A., 1968: Naturally Occurring Cataracts in the Term Fetal Rat. JAVMA Vol. **153** (7), 832—840.

HARTMANN, H. A., 1968: Naturally Occurring Cataracts in the Term Fetal Rat. JAVMA Vol. **153** (7), 831—832.

HARWELL, J. F., & D. D. BOYD, 1968: Naturally Occurring Oxyuriasis in Mice. JAVMA **153** (7), 950—953.

HILDEBRANDT, P. K., 1982: Rickettsial and chlamydial diseases. In: The Mouse in Biomedical Research (H. L. FOSTER, J. D. SMALL, & J. G. FOX, eds.). Vol. **2,** p. 99, New York: Academic Press.

HOTTENDORF, G. H., & K. J. INGRAHAM, 1968: Spontaneous Nephroblastomas in Laboratory Rats. JAVMA **153** (7), 826—829.

HSU, C. K., 1979: Parasitic diseases. In: The Laboratory Rat (H. J. BAKER, J. R. LINDSEY, & S. H. WEISBROTH, eds.). Vol. **1,** pp. 307—331. New York: Academic Press.

JACOBY, R. O., P. N. BHATT, & A. M. JONAS, 1979: Viral diseases. In: The Laboratory Rat (H. J. BAKER, J. R. LINDSEY, & S. H. WEISBROTH, eds.), Vol. **1,** pp. 272—306. New York: Academic Press.

JUNG, L., 1980: Die chronische Murine Pneumonie — Untersuchungen zur pränatalen Infektion mit Mycoplasma pulmonis, Univ. Berlin.

KIRK, R. W., 1980: Current Veterinary Therapy, VII. Philadelphia: W. B. Saunders.

LEHMANN-GRUBE, F., 1982: Lymphocytic choriomeningitis virus. In: The Mouse in Biomedical Research (H. L. FOSTER, J. D. SMALL, & J. G. FOX, eds.). Vol. **2,** p. 231, New York: Academic Press.

LINDSEY, J. R., H. J. BAKER, R. G. OVERCASH, G. H. CASSELL, & C. E. HUNT, 1971: Murine chronic respiratory disease. Significance as a research complication and experimental production with Mycoplasma pulmonis. Am. J. Pathol. **64,** 675—716.

LINDSEY, J. R., G. H. CASSELL, & M. K. DAVIDSON, 1982: Mycoplasma and other bacterial diseases of the respiratory system. In: The Mouse in Biomedical Research (H. L. FOSTER, J. D. SMALL, & J. G. FOX, eds.). Vol. **2,** p. 21. New York: Academic Press.

LOVE, J. A., 1970: Use of Fentanyl and Droperidrol in Guinea Pigs, Lemmings, Ground Squirrels and Cats. JAVMA **157** (5), 675—677.

MAESS, J., & L. KUNSTYR, 1981: Diagnose und Bekämpfung häufiger Parasiten bei kleinen Versuchstieren (1), und (2). Tierärztl. Praxis **9,** 269—264 und 381—388.

MAURER, F. D., 1964: Lymphocytic Choriomeningitis, Laboratory Animal Care **14** (5), 417—425.

MERKENSCHLAGER, M., & H. H. HILLER, 1975: Schmerzausschaltung bei Laboratoriumstieren. BMTW **15,** 289—294.

OLDSTONE, J. N., 1967: Helminths, ectoparasites and protozoa in rats and mice. In: Pathology of Laboratory Rats and Mice (E. COTHCHIN, & F. J. C. ROE, eds.). pp. 641—679. Oxford: Blackwell.

SCHMIDT, G., 1973: Kleinsäuger — Hamster, Meerschweinchen, Mäuse, Hörnchen in Heim und Garten. Stuttgart: E. Ulmer.

SCHÜTZE, H.-R., 1976: Diagnose und Therapie von parasitären Infektionen bei Heimtieren (Kaninchen, Meerschweinchen, Hamster, Schildkröte). Collegium veterinarium. Tierärztl. Umschau **30.** Jg., p. 620, S. 60—63.

STICKROD, Greg, BBS, 1979: Ketamine/Xylazine Anesthesia in the Pregnant Rat. JAVMA **175** (9), 952—953.

TARIN, D., & A. STURDEE, 1972: Surgical Anesthesia of Mice. Laboratory Animals **6,** 79—84.

TOBER-MEYER, B., 1977: Vorschläge zur Narkose bei Kaninchen, Meerschweinchen und kleinen Nagern, Kleintierpraxis **22,** 309—352.

WEISBROTH, S. H., 1979: Bacterial and myotic diseases. In: The Laboratory Rat (H. J. BAKER, J. R. LINDSEY, & S. H. WEISBROTH, eds.). Vol. 1, pp. 193—241. New York: Academic Press.

WESCOTT, R. B., 1982: Helminths. In: The Mouse in Biomedical Research (H. L. FOSTER, J. D. SMALL, & J. G. FOX, eds.). Vol. **2,** p. 373. New York: Academic Press.

WING, ST. R., CH. H. COURTNEY, & M. D. YOUNG, 1985: Effect of Ivermectin on murine mites. JAVMA **187** (11), 1191—1192.

WHITTLESTONE, P., R. M. LEMCKE, & R. J. OLDS, 1972: Respiratory disease in a colony of rats. II. Isolation of Mycoplasma pulmonis from the natural disease, and the experimental disease induced with a cloned culture of this organism. J. Hyg. **70,** 387—409.

GRZIMEK, Dr. Dr. H. C. B., 1979: Grzimeks Tierleben — Säugetiere 2. München: Deutscher Taschenbuch Verlag.

6 Chinchilla

6.1 Allgemeines und Biologie

In ihrer Heimat, an den Hängen der Anden in Peru und Chile, sind die Chinchillas so gut wie ausgerottet. Noch zur Zeit der spanischen Eroberer bevölkerten die zutraulichen Tiere die felsigen Berghänge in überaus großer Zahl. Sie lebten in Felsspalten und Höhlen und waren mit ihrem feinen, dichten Fell für die rauhe Witterung der Andenhöhen gut ausgerüstet. Wegen der hervorragenden Qualität des Pelzes waren die Chinchillas bei den Indianern schon immer eine beliebte Jagdbeute. Der Untergang der Tiere begann jedoch um die Jahrhundertwende, als Chinchillafelle in Nordamerika und Europa zum Statussymbol wurden.

Für die Damen der feinen Gesellschaft war der Chinchillamantel ein unverzichtbares Präsentationsstück. Die Mäntel waren ungeheuer teuer. Für einen Mantel sind ungefähr 160 Chinchillafelle erforderlich. Ein Chinchillafell kostete bereits zu Beginn dieses Jahrhunderts ca. 20 Dollar, wobei zu berücksichtigen ist, daß der Dollar zu jener Zeit ein Vielfaches seiner heutigen Kaufkraft besaß.

Für die mit weltlichen Gütern nicht gerade gesegneten Indios tat sich hier unerwartet eine ertragreiche Einnahmequelle auf. Sie wurden zu »Chinchilleros«, die davon lebten, Chinchillas zu fangen, zu pelzen und die Felle zu verkaufen.

Es dauerte nur wenige Jahre, bis die Zahl der Tiere so stark dezimiert war, daß sie nur noch in den schwer zugänglichen Andenhöhen zu finden waren und der Preis für ein Chinchillafell auf über 40 Dollar stieg. Im Jahre 1930 kostete ein Chinchillafell bereits mehr als 200 Dollar.

Jedoch auch für diesen Preis und noch höhere Wahnsinnssummen konnten keine Chinchillafelle mehr beschafft werden; es gab in Chile und Peru keine Chinchillas mehr.

Ein Amerikaner, M. F. CHAPMAN, kam in den zwanziger Jahren auf die Idee, Chinchillas gewerbsmäßig zu züchten. Er versprach sich bei den damaligen Pelzpreisen

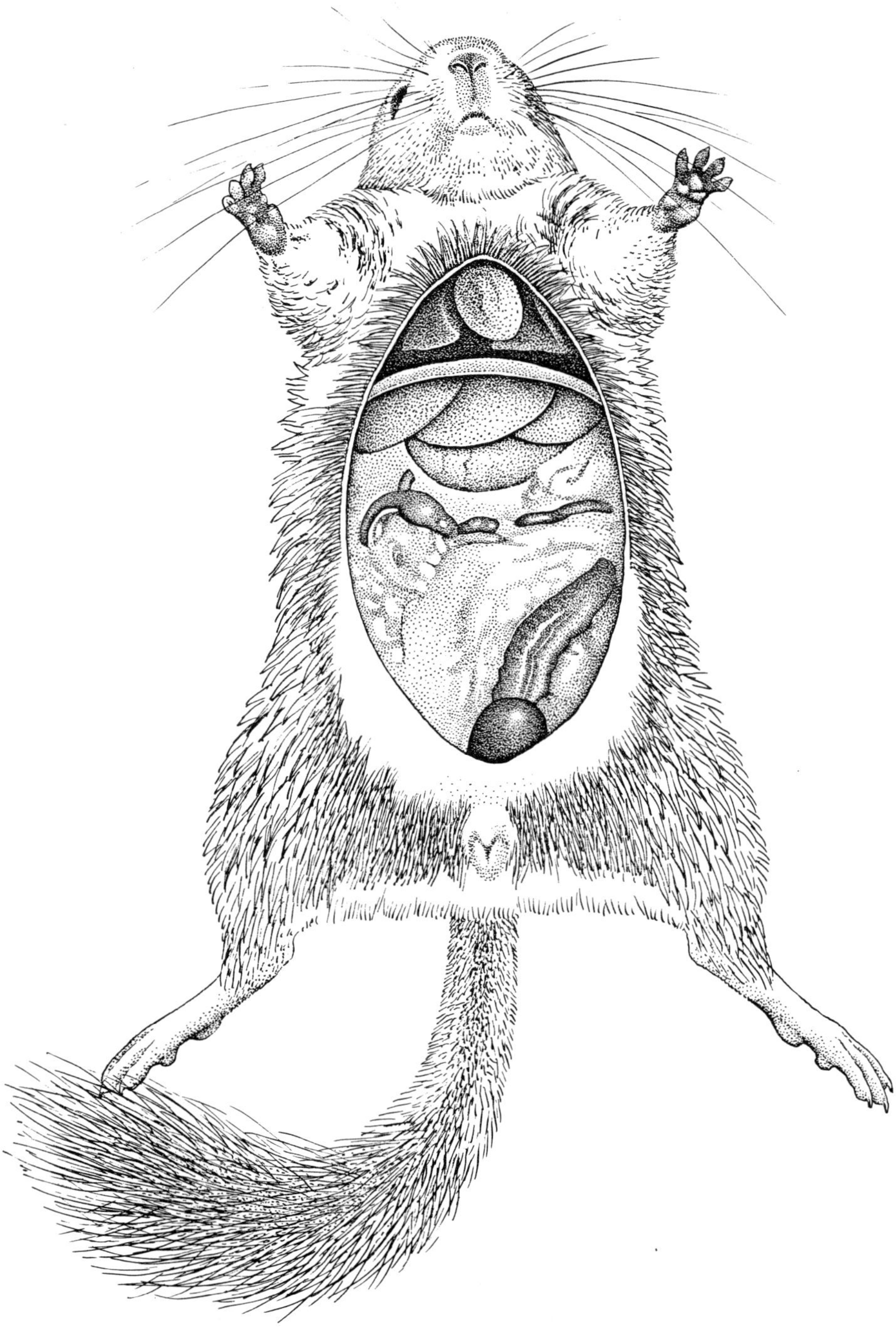

Abb. 30: Situs Chinchilla

eine hohe Rendite. Mit großem finanziellen Aufwand gelang es ihm 1923, elf Chinchillas in die Vereinigten Staaten zu bringen, die als Stammtiere fast aller auch heute in Farmen gehaltener Chinchillas angesehen werden können. CHAPMAN hatte anfänglich große Schwierigkeiten zu überwinden; nicht zuletzt deshalb, weil von seinen elf Tieren acht männlich und nur drei Tiere weiblich waren.

Die in den fünfziger und sechziger Jahren bedeutsame Chinchillazucht hat in den letzten Jahren stark an Attraktivität verloren. Dies hat mehrere Gründe. Einerseits ist der Chinchillamantel heute kein Statussymbol mehr und praktisch aus der Mode gekommen, zum anderen ist die Qualität der Zuchtpelze erheblich geringer als die der Wildtiere, die in den Anden in Höhen von bis zu 5000 m leben. Die Luftfeuchtigkeit ist in solchen Höhen sehr gering, die Temperatur beträgt am Tage mehr als 30 °C und fällt nachts unter Null. Ein ständiger rauher Wind läßt die Temperatur noch kälter erscheinen.

Vor dieser rauhen Witterung schützen sich die Tiere mit einem sehr dichten Fell, dessen Besonderheit die Aufspaltung der einzelnen Haare in feine Haarfäden ist.

Da die Zuchttiere in den Käfigen nicht mehr dem rauhen Klima in den Anden ausgesetzt sind, ist die Qualität des Pelzes geringer als die der freilebenden Chinchillas.

Viele Züchter, die von großen Pelztierfarmen geworben worden waren und viel Geld in Käfige und Zuchttiere investiert hatten, wurden enttäuscht. Chinchillas vermehren sich bei weitem nicht so rasch wie Kaninchen oder Meerschweinchen, und es bedarf daher einer langen Zeit und sehr viel Glück, bis die hohen Investitionen Gewinn abwerfen.

Im übrigen nehmen die Pelzaufkäufer nur wirklich hochwertige, einwandfreie Pelze zu einem annehmbaren Preis, so daß der Anfänger auch hier mit starken finanziellen Einbußen rechnen muß.

Das meiste Geld an der Chinchillazucht verdienen diejenigen, die arglosen Jungunternehmern Zuchttiere und Käfige verkaufen. Vor dem Traum vom finanziellen Großgewinn mit Hilfe einer Chinchillazucht möchte ich deshalb an dieser Stelle eindringlich warnen.

Von den mit den Meerschweinchen verwandten Chinchillas interessieren für die Praxis die Kurzschwanzchinchillas *(chinchilla liechtenstein)* und ihre kleineren Verwandten, die kleine Kurzschwanzchinchilla *(chinchilla brevicaudata)* und die Langschwanzchinchilla *(chinchilla lanigera).* Die hauptsächlich als Zuchttier verwendete Art ist *chinchilla lanigera.* Die Tiere erreichen eine Körperlänge von 30 cm mit auffällig langen Barthaaren.

Chinchillas können über 20 Jahre alt werden. Die Geschlechtsreife der Tiere ist mit ca. acht Monaten erreicht. Bei den weiblichen Tieren kann dies jedoch auch schon nach dem vierten Lebensmonat der Fall sein.

Chinchillas sind poliöstrisch mit einer Zyklusdauer von 28 Tagen. Während der drei Tage dauernden Brunst ist die Scheide geöffnet. Die Tiere sondern ein Vaginalsekret ab. Der sehr kurze Deckakt erfolgt in der Nacht. Nach einer Tragzeit von 120 Tagen werden ein bis sechs Jungtiere geworfen. Chinchillas werfen zweimal im Jahr. Das weibliche Tier kann am ersten Tag nach der Geburt wieder gedeckt werden.

Bei einem geringen Prozentsatz der Tiere kommt es zu drei jährlichen Würfen; jedoch stellen diese Tiere ihre Fruchtbarkeit bei einem späteren Zeitpunkt für einen längeren Zeitraum ein. Züchter sollten ihre Chinchillas nur zweimal jährlich werfen lassen.

Die Jungtiere kommen fertig entwickelt als Nestflüchter zur Welt; sie trinken in den ersten Lebenstagen ausschließlich Milch, die sie aus zwei Mammakomplexen saugen. Bei der Chinchilla sind drei Mammakomplexe paarweise angelegt. Jedoch nur die ersten beiden, in manchen Fällen die ersten vier, Mammakomplexe sind aktiv. Die Geburt der Jungtiere erfolgt sehr rasch, die Muttertiere essen die Nachgeburt auf. Die Geburtsgewichte betragen, abhängig von der Wurfstärke, zwischen 30 und 60 Gramm.

Die Jungtiere sollten zwischen dem 50. und 60. Tag abgesetzt werden.

6.2 Haltung und Fütterung

Haltung

Werden Chinchillas als Pelztiere gehalten, verwendet man Spezialdrahtkäfige, die Chinchillazuchtkäfige. Die Bauart dieser Käfige ist genormt, und so lassen sich beliebig viele Käfige zu einem System verbinden.

Die Käfige sind außen mit einem Laufgang verbunden; durch diesen Laufgang erhält der Bock Zugang zu den Weibchen. Die weiblichen Tiere bekommen Halskragen, die ein Verlassen des Käfigs durch das Laufgangloch unmöglich machen. So ist sichergestellt, daß ein Bock mehrere weibliche Tiere befruchten kann und durch seinen ungehinderten Zugang zu den Weibchen der richtige Decktermin nicht versäumt wird.

Werden Chinchillas zum Vergnügen gehalten, so werden die Tiere sehr schnell zahm und sind ausgesprochen nette, freundliche und intelligente Heimtiere. Trotzdem ist es nicht ratsam, Chinchillas in der Wohnung frei herumlaufen zu lassen, da sie mit ihren Nagezähnen alles, aber auch *wirklich alles, von der Stromleitung bis zum Perserteppich,* annagen.

Die Chinchilla benötigt einen Käfig mit den Abmessungen 100 × 50 × 50 cm. Für ein einzelnes Tier ist diese Größe ausreichend, wenn der Käfig mit Klettergelegenheiten und Röhren, die einen Durchmesser von ca. 10 cm haben müssen, versehen ist. Werden mehrere Tiere in einer Gruppe gehalten, ist eine große Anzahl von Verstekken, Tonröhren und Häuschen erforderlich, damit sich die Tiere bei Spannungen und Streitereien voreinander verstecken können.

Chinchillas lieben Sandbäder und freuen sich sehr über eine Kiste mit feinem, sauberem Sand.

Als Umgebungstemperatur ist die Zimmertemperatur von circa 20 °C ausreichend, auch unsere gewöhnliche Zimmerluftfeuchtigkeit reicht für Chinchillas vollkommen aus, auch wenn sie in ihrem Herkunftsgebiet eine wesentlich geringere Luftfeuchtigkeit vorfinden. Gegen Hitze sind die Tiere wesentlich empfindlicher als gegen Kälte. Jedoch sollten die Raumtemperaturen auch im Winter den Gefrierpunkt niemals für längere Zeit unterschreiten.

Als Einstreu empfiehlt sich bei der Käfighaltung, sofern die Tiere nicht auf Rosten gehalten werden, Heu, Sägemehl und auch Katzenstreu. Torfmull verunreinigt sehr schnell und klebt an den Tieren in dem feinen Fell. Er ist zur Einstreu nicht geeignet.

Fütterung

Chinchillas sind Cellulose-Aufspalter und haben daher einen sehr langen Darm. Auf die richtige Fütterung ist großer Wert zu legen, da bei mehr als der Hälfte der Tiere Magen-Darm-Erkrankungen die Todesursache darstellen.

Eine Störung der für die Aufspaltung der Cellulose erforderlichen Darmflora führt nicht selten zum Tode. Auch Futter von nicht einwandfreier Beschaffenheit kann leicht zu schwerwiegenden Erkrankungen führen.

Es gibt für Chinchillas ein speziell zusammengestelltes, industriell vorgefertigtes Pelletfutter. Dieses Futter kann als Alleinfutter verwendet werden, wenn gleichzeitig Trinkröhrchen mit Wasser angeboten werden. Will man nicht das industriell angefertigte Futter verwenden, so kann man die Chinchillas auf verschiedene Weise mit einheimischen Futterpflanzen ernähren. In der Literatur werden verschiedene Möglichkeiten aufgeführt:

- ▷ Grundmischfutter aus 50 % Weizenkleie, 25 % frischen Weizenkeimen, 5 % Knochenmehl, 10 % Trockenhefe und 10 % Leinsamenschrot.
- ▷ Körnermischfutter aus 25 % Gerste, 25 % Weizen, 25 % Hafer, 20 % Haferflocken und 5 % Magermilchpulver.

Das Grundmischfutter und das Körnermischfutter werden im Verhältnis eins zu eins gemischt. Zu diesem Körnermischfutter muß unbedingt eine Hand voll Heu täglich als Ballastfutter angeboten werden.

Neben der beschriebenen Körnerfütterung ist auch eine Fütterung möglich, bei der zusätzlich zu den Körnern angeboten werden:

▷ Löwenzahn, Trauben, Nüsse, Erdnüsse, Obst, Möhren, Kartoffeln, Feigen, Bananen, Alfalfa.

Diese Fütterung hat jedoch den Nachteil, daß durch ihre verschiedenartige Zusammensetzung sehr leicht die Gefahr einer Magen-Darm-Erkrankung besteht.

Chinchillas sind Nagetiere und müssen daher ständig für ihre Nagezähne etwas zu nagen bekommen. Zweige von Weiden oder Eschen, Weinstockrinden oder Pappelzweige können den Tieren zum Nagen ständig zur Verfügung gestellt werden. Andere Rinden dürfen nicht verwendet werden, da verschiedene Rinden für Chinchillas giftig sind.

Oft wird behauptet, Chinchillas brauchten kein Wasser. Dies ist nur bedingt richtig. Bei einer ausreichenden Flüssigkeitszufuhr durch Obst und Grünfutter kann Wasser überflüssig sein. Immer jedoch sollten die Chinchillas Wasser angeboten bekommen, damit sie bei erhöhtem Flüssigkeitsbedarf die Möglichkeit haben zu trinken.

Bei der Verfütterung von Kraftfutter benötigt die Chinchilla hiervon pro Tag durchschnittlich 30 Gramm.

Unverzichtbar ist Heu als Ballaststoff.

6.3 Physiologische Daten

Körperinnentemperatur	36–37,8 °C
Atemfrequenz	100/min
Puls	100–150/min
Geschlechtsreife	4–8 Monate
Trächtigkeitsdauer	120 Tage
Wurfgröße	1–6
Lebenserwartung	20 Jahre
Blutwerte	
Hämoglobin	8–15,4 gm/dl
Hämatokrit	27–54 %
Erythrozyten	5,2–10,3 × 10^6/mm^3
Leukozyten	4,0–25,0 × 10^3/mm^3
Differentialblutbild	
Lymphozyten	19–98 %
Monozyten	0–6 %
Neutrophile	9–78 %
Eosinophile	0–9 %
Basophile	0–11 %

6.4 Allgemeine und spezielle Untersuchung

Eine Empfehlung für den allgemeinen Untersuchungsgang finden Sie in Kapitel 7.1.

Diagnosestellung und Therapie bei kleinen Haustieren unterscheiden sich im wesentlichen nicht von der anderer Tierarten. Die Untersuchung gliedert sich auch hier in die Anamnese und die systematische Untersuchung des Patienten.

■ Geschlechtsdifferenzierung

Bei der erwachsenen männlichen Chinchilla lassen sich die Hoden gut palpieren und auch der Penis läßt sich vorlagern. Bei neugeborenen Chinchillas kann man das Geschlecht am ehesten unterscheiden, indem man die Größe des Abstandes zwischen Anus und Geschlechtsöffnung betrachtet. Beim männlichen Tier ist der Abstand zwischen der Anal- und der Genitalregion größer als beim weiblichen Tier. Die Scheide der weiblichen Tiere ist nur in der Brunstzeit geöffnet, die Harnröhre hat eine eigene Öffnung außerhalb der Scheide. Während der Brunstzeit schwellen die Scheidenöffnungen und die Hoden an.

■ Zwangsmaßnahmen

Chinchillas sind sehr friedliche Tiere, bei denen Zwangsmaßnahmen nicht angewendet werden müssen. Es ist jedoch sinnvoll, die Tiere durch eine Bezugsperson während der Behandlung gut festhalten zu lassen, damit sie nicht vor Angst vom Behandlungstisch herunterspringen und sich verletzen.

Besonders unruhige Tiere kann man in ein Handtuch einwickeln.

■ Blutentnahme

Kleinere Blutmengen kann man bei der Chinchilla durch Abschneiden einer Krallenspitze gewinnen. Größere Blutmengen könnten durch in Narkose durchgeführte Herzpunktion gewonnen werden. Diese Technik ist jedoch nur geübten und sicheren Praktikern vorbehalten, da sie lebensgefährlich ist. Sinnvoller ist, das Blut aus der *vena cephalica* zu entnehmen, wobei der Blutfluß mit einem Gummiband oberhalb des Ellbogens gestaut wird. Die kleine *vena cephalica* kann man durch »Pumpen« der Gliedmaße sichtbar machen. Es ist oft hilfreich, die Haut des Vorderbeins zu befeuchten, da so die *vena cephalica* unter der Haut besser sichtbar wird.

■ Urinuntersuchung

Chinchillaurin ist dunkelgelb, der pH-Wert beträgt 8,5.

■ Kotuntersuchung

Endoparasiten bei den Chinchillas spielen in der Praxis nur eine untergeordnete Rolle. Für die Feststellung von Nematoden verwendet man das Anreicherungsverfahren oder das Sedimentationsverfahren (s. Kap. 1.4).

Eine bakteriologische Kotuntersuchung läßt sich unter Praxisbedingungen problemlos mit dem Entero-tube der Firma La Roche durchführen.

■ Hautuntersuchung

Hauterkrankungen bei der Chinchilla sind besonders bei professionellen Chinchillazüchtern gefürchtet, da Fellmängel den Wert des Tieres stark mindern.

Chinchillas leiden nur sehr selten unter Ektoparasiten. Bei Fellschäden muß sowohl an Milbenbefall als auch an Pilzinfektion der Haut gedacht werden. Zur Diagnose kommt man mit Hilfe eines Hautgeschabsels; hierbei wird mit einer Skalpellklinge eine kleine Hautstelle so lange geschabt, bis Blut austritt. Die abgeschabten Hautpartikel werden auf einen Objektträger mit zehnprozentiger Kalilauge verrührt und nach einer Stunde unter dem Mikroskop bei zehnfacher Vergrößerung betrachtet.

Für eine genaue Diagnostik der Pilzerkrankungen sollten Hautgeschabsel und Haarproben in ein mykologisches Labor geschickt werden. Der im Handel erhältliche Fungassay-Test, der in der Praxis gerne verwendet wird, hat keine große Aussagefähigkeit.

■ Röntgenuntersuchung

Belichtungsdauer und Belichtungsstärke für Röntgenaufnahmen bei der Chinchilla sind abhängig von der verwendeten Kassette, der Belichtungs- und Entwicklungsart. Auch hier erzielt man gute Ergebnisse, wenn man z. B. die gleichen Belichtungszeiten wie bei Aufnahmen kleiner Katzen wählt.

6.5 Narkose

Da bei der Chinchilla intramuskuläre Injektionen wegen der oft erheblichen Nebenerscheinungen weitgehend vermieden werden sollten, wird für die Allgemeinanästhesie die intraperitoneale Injektionsnarkose bevorzugt. Für diese Narkose werden 10 mg 5 %iges Thiogenal® pro 100 g Körpergewicht intraperitoneal verabreicht. Die Verwendung von Barbituraten ist jedoch wegen der nur geringen narkotischen Breite nicht ungefährlich.

50 mg Ketamin-HCL in einer Kombination mit 3 mg Xylacin pro kg Körpergewicht in einer Mischspritze kann auch intraperitoneal verabreicht werden, wenn man die intramuskuläre Injektion vermeiden möchte. Nach zwei Minuten liegt das Tier in Seitenlage, nach fünf Minuten kann ein chirurgischer Eingriff durchgeführt werden. Die Wirkungsdauer beträgt ca. 90 min, die Nachschlafdauer ungefähr vier Stunden. In der Literatur ist auch die Inhalationsnarkose mit Äther beschrieben worden, von der wegen der Gefahr des Erstickens am eigenen Speichel jedoch abgeraten wird.

Eine weitere Möglichkeit der Inhalationsnarkose ist die Narkose mit Halothan. Diese Methode ist am ungefährlichsten und daher besonders zu empfehlen. Hierbei werden der Chinchilla mit Gaze oder Mull ausgelegte Masken, die man aus Draht leicht herstellen kann, die mit Halothan betropft werden, über Mund und Nase gestülpt. Die mit Halothan getränkte Gaze darf die Nasenschleimhäute der Tiere nicht berühren, um entzündliche Reaktionen der empfindlichen Schleimhaut zu verhindern. Die Narkosetiefe wird durch Abnehmen der Maske gesteuert, wodurch die Konzentration des eingeatmeten Halothan-Luftgemisches verringert wird. Bei dieser Inhalationsnarkose ist die Chinchilla mit Atropin 0,2 mg pro kg Körpergewicht als Prämedikation zu versorgen, um die starke Speichelsekretion zu unterdrücken.

Vor der Narkose dürfen die Tiere 12 Stunden lang kein Futter und keine eßbare Einstreu zur Verfügung haben.

Während und nach der Narkose ist die Körperinnentemperatur des Patienten zu überwachen. Bei einem zu starken Absinken der Körperinnentemperatur müssen die Tiere auf Wärmflaschen oder unter Rotlichtlampen gelagert werden.

6.6 Organerkrankungen

6.6.1 Hauterkrankungen

Hauterkrankungen sind bei der Chinchilla nicht häufiger als bei anderen Tieren. Sie spielen jedoch eine bedeutende Rolle bei den Pelztierzüchtern, da Tiere mit schlechtem Haarkleid wertlos sind.

■ **Alopezie (Kahlstellen)**
Kahlstellen, Löcher im Fell, können gleichmäßig verteilt über den ganzen Körper auftreten oder nur an einzelnen Stellen des Körpers. Werden mehrere Tiere in einem Bestand gehalten, so sind häufig fast alle Tiere von diesen Fellschäden betroffen. Die genaue Ursache für das ungleichmäßige Wachstum der Haare ist nicht bekannt. Da jedoch optimierte Fütterungs- und Haltungsbedingungen dazu führen, daß die Fellschäden nach einigen Monaten vollständig verschwinden, dürfte die Ursache in Haltungsmängeln zu suchen sein.

■ **Haarfressen**
Ebenfalls bei den Pelztierzüchtern sehr gefürchtet ist das Haarfressen der Chinchillas. Es gibt Tiere, die sich die Haare am Hinterleib büschelweise ausrupfen und so ihr Fell zerstören. Dadurch, daß die Tiere an Kopf und Vorderkörper lange Haare haben und sich an diesen Stellen die Haare nicht ausreißen können, das Haarkleid am Hinterleib

aber abgenagt ist, bekommen die Chinchillas ein löwenähnliches Aussehen. Diese »Löwenmähne« ist ein untrügliches Symptom für das Fellbeißen. Eine Verbesserung der Fütterungs- und Haltungsbedingungen kann diese Erkrankung nicht stoppen. Die Ursachen für das Fellbeißen sind Veränderungen in Nebenniere und Hypophyse. Eine Therapie mit ACTH erscheint in einem größeren Bestand vom Gesichtspunkt der Wirtschaftlichkeit wenig sinnvoll, da sich die übrigen Tiere des Bestandes das Fellbeißen abgucken und sich ihr Haarkleid dann ebenfalls zerstören.

■ Ektoparasiten

□ Läuse und Haarlinge

Bei Hauterkrankungen mit starkem Juckreiz sind Haut und Haare des Patienten genau auf Ektoparasiten zu untersuchen. Wenn Läuse die Ursache sind, lassen sich in den Haaren sehr gut die ca. 0,5 mm langen birnenförmigen »Nissen« erkennen, die von den weiblichen Läusen mit Hilfe eines Sekrets aus der Kittdrüse sehr fest an die Haare geklebt werden. Die Läuse sind durch Bürsten nicht aus dem Haarkleid zu entfernen, da sie sich mit ihren Klauen an den Haaren festhalten. Auch Flöhe können bei der Chinchilla gefunden werden. Wird die Chinchilla als Heimtier mit Hund oder Katze gemeinsam gehalten, so sind die übrigen Heimtiere in die Therapie mit einzubeziehen. Wegen der Empfindlichkeit des Fells sollten Chinchillas nicht mit Puder, Spray oder einer Waschlösung behandelt werden, wenn sie Ektoparasiten aufweisen. Fellschonender ist es, den Tieren ein Ektoparasitenhalsband anzulegen, wie es für Hunde und Katzen im Handel ist.

□ Milben

Selten werden bei der Chinchilla auch Milben gefunden, die bei den Tieren einen starken Juckreiz hervorrufen. Die Tiere kratzen sich, die Haut verdickt und wird schuppig. Durch den starken Juckreiz und das häufige Kratzen magern die Tiere ab und können schließlich sterben. Die Milben, meist *Atricholaelaps chinchillae,* lassen sich durch das Hautgeschabsel (s. Kap. 1.4) nachweisen. In gewerblichen Zuchtbetrieben sollten die befallenen Tiere getötet und die Käfige desinfiziert werden. Da die Therapie in vielen Fällen nicht zum Erfolg führt und nur im Anfangsstadium vieler Milbenerkrankungen aussichtsreich ist, sollte ein Therapieversuch nur unternommen werden, wenn es sich um ein liebgewonnenes Heimtier handelt. Das Tier muß geschoren werden und 4mal mit 8tägigen Zwischenräumen in 0,5%igem Alugan® (Hoechst) gebadet werden. Wie bei der Behandlung jedes Ektoparasitenbefalles ist die Desinfektion des Käfigs zur Vermeidung von Reinfektionen sehr wichtig.

■ Dermatomykosen

Pilzerkrankungen sind bei der Chinchilla nicht nur wegen des daraus resultierenden Fellschadens, sondern auch wegen der *Infektionsgefahr für den Menschen* von besonderer Bedeutung. Bei kreisrundem Haarausfall mit geröteter Haut und Juckreiz oder vereinzeltem Haarausfall mit borkigen Hautveränderungen sollte eine Haarprobe vom Rand der befallenen Stellen auf das Vorhandensein von Pilzen in einem mykologischen Labor untersucht werden. Häufig dauert die Untersuchung über 2 Wochen, daher sollte eine Therapie bereits vor dem Feststehen des Untersuchungsergebnisses eingeleitet werden. Bei der Chinchila findet man *Trichophyton mentagrophytes* sowie verschiedene Mikrosporumarten, wie *Mikrosporum canis* oder *Mikrosporum gypseum.* Therapeutisch erhalten die Tiere täglich 20 mg pro kg Körpergewicht Griseofulvin oral über einen Zeitraum von 3 Wochen. Die Käfige sind mit einem gegen Hautpilze wirksamen Desinfektionsmittel zu desinfizieren (Inzidin®). Bei der Haltung mehrerer Tiere sind die befallenen Tiere wegen der Infektionsgefahr von den übrigen Tieren abzusondern. Da Pilzerkrankungen Faktorenerkrankungen sind, ist besonders auf Hygiene und Sauberkeit sowie eine optimale Ernährung der Tiere zu achten. Die mit den befallenen Tieren umgehenden Menschen sollten bei der Handhabung der Patienten Handschuhe tragen, um eine Übertragung der Hautpilze auf den Menschen zu verhüten.

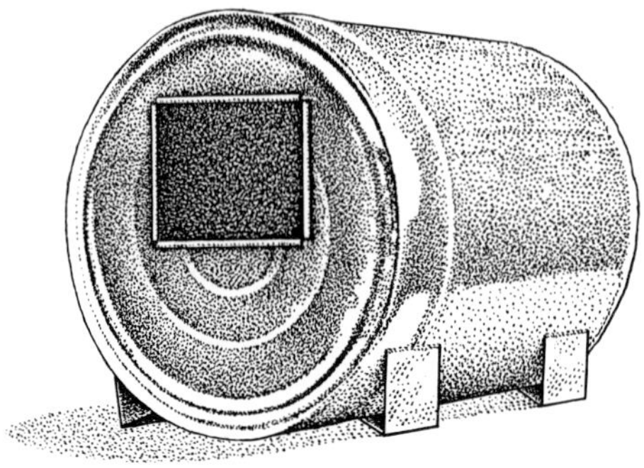

Abb. 31: Große Konservendose mit angelöteten Füßen zum Sandbaden

■ **Sandbad**

Chinchillas lieben ein tägliches Bad in sehr feinem Sand. Dieses Sandbad macht Chinchillas nicht nur Spaß, sondern es dient auch der Fellpflege. Die Qualität des Felles ist bei Tieren, denen man das Sandbad vorenthält, wesentlich schlechter als bei denen, die täglich Gelegenheit zum Baden haben. Nicht jeder Sand ist geeignet. Für Chinchillas sind spezielle Sandarten im Handel, die ihren Zweck erfüllen, ohne die Haarstruktur zu zerstören, wie feiner Quarzsand oder Meersand es tun. Am besten stellt man den Tieren einmal täglich einen mit Badesand gefüllten Kasten in den Käfig, in dem sie dann herumwirbeln und offensichtlich Vergnügen haben. Da der Badesand sehr fein ist, wird bei der Badeprozedur viel Staub aufgewirbelt. Als Badebehälter sind daher geschlossene Behältnisse, wie eine sehr große Konservendose (s. Abb. 31) oder ein geschlossenes Katzenklo eher zu empfehlen als eine offene, mit Sand gefüllte Kiste.

6.6.2 Herz- und Kreislauferkrankungen

Besonderer Streß und Aufregung können bei der Chinchilla zu krampfartigen Anfällen führen. Bei unsachgemäßer Handhabung oder bei aufregenden oder schmerzhaften Erlebnissen können diese Krämpfe auch in der Praxis beobachtet werden. Auch nach dem Deckakt sind sie beschrieben worden. Offensichtlich sind solche Krämpfe auf Kreislaufstörungen zurückzuführen. Die Tiere müssen in einen ruhigen, dunklen Raum gebracht werden und sind nach der Eingabe eines Tropfens Carnigen®-Lösung schnell wieder fit. Von Tieren, die häufiger solche Krämpfe zeigen, sollte nach Möglichkeit jeder Streß ferngehalten werden. Da eine Vererbung der Erkrankung nicht ausgeschlossen werden kann, sollte man mit diesen Tieren nicht züchten.

6.6.3 Erkrankungen der Atmungsorgane

Pneumonien treten in erster Linie bei Jungtieren auf. Das klinische Bild zeigt eitrigen Nasenausfluß, starke Atembewegungen und bisweilen deutlich vernehmbare Atemgeräusche. Die Körperinnentemperatur ist stark erhöht (41 °C). Der Tod tritt durch Kreislaufversagen ein. Bei der Diagnose muß man sich hier auf das klinische Bild verlassen, da der Erregernachweis zu langwierig und überdies unerheblich für die Therapie ist. Meistens sind Viren die Ursache, und es kommt zu einer sekundären, bakteriellen Infektion mit Staphylokokken oder Streptokokken. Da die Ursache meist virusbedingt ist, läßt sich durch die Gabe von 50 mg Chloramphenicol pro kg Körpergewicht oral nur die bakterielle Infektion bekämpfen. Todesfälle, auch bei erwachsenen Tieren, sind daher häufig.

Da verschiedene Pneumonieerreger auch menschenpathogen sein können und die Ansteckung sowohl vom Menschen auf das Tier als auch umgekehrt verlaufen kann, sollte beim Tod eines Tieres eine Sektion mit gleichzeitigem Erregernachweis und Resistenztest durchgeführt werden. Es ist möglich, daß hierbei *Streptococcus pyogenes, Diplococcus pneumoniae, Bordetella bronchiseptica* oder *Pasteurella multocida* gefunden werden. Schlechte Haltungsbedingungen und mangelhaftes Futter können eine Infektion negativ beeinflussen oder erst möglich machen. Besonders auf eine optimale, ausgewogene Fütterung der

Tiere ist stets zu achten, da Mangelerkrankungen bei der Chinchilla keine Seltenheit sind. Den Vorbeugemaßnahmen kommt bei den Pneumonien wegen der dürftigen Therapieergebnisse eine besondere Bedeutung zu.

Werden mehrere Tiere gemeinsam gehalten, so sind erkrankte Chinchillas unverzüglich zu isolieren.

6.6.4 Erkrankungen der Verdauungsorgane

Die Verdauungsorgane sind bei der Chinchilla die am häufigsten von Krankheiten betroffenen Organe. Bei der Mehrzahl der einer Sektion zugeführten Tiere waren Magen-Darm-Erkrankungen die Todesursache (60 %). Durch seinen 3 m langen Darm und die lange Magen-Darm-Passage ist der Verdauungsapparat der Chinchilla — vergleichbar dem des Meerschweinchens — gegenüber Störungen sehr anfällig. Auf Änderungen in der Nahrungszusammensetzung reagiert die Darmflora sehr empfindlich. Wenn das Futter umgestellt werden muß, so hat diese Umstellung sehr langsam zu erfolgen. In einem großen Bestand sollte die Futterumstellung zunächst mit einigen wenigen Tieren erfolgen, um bei einem negativen Ergebnis nicht gleich den ganzen Bestand zu gefährden.

■ Zahnanomalien

Bei der Chinchilla werden — wie auch beim Meerschweinchen und beim Kaninchen — nicht selten Fehlstellungen der Zähne beobachtet. Diese Fehlstellungen sind erblich und die betroffenen Tiere sollten daher nicht zur Zucht verwendet werden. Die Tiere verweigern die Nahrung, sie gehen zum Futter, wenden sich dann aber ab. Unterkiefer und Hals sind vom Speichelfluß naß und entzündet, es besteht ein klarer Nasen- und Augenausfluß. Bei diesen Tieren kommt es durch die Fehlstellung der Backenzähne zu einem fehlerhaften Zahnabrieb, so daß die Reibflächen nicht mehr waagerecht aufeinander stehen, sondern in einem immer größeren Winkel, meist nach außen unten bzw. innen oben, schräg abreiben. Da die Reibfläche der Zähne hierbei nicht mehr vollständig abgerieben wird, entstehen lange Haken, die fast immer nach innen wachsen und die Zunge verletzen. Da beim Schlukken die Zunge nach hinten bewegt werden muß, die Haken der Backenzähne aber in die Zungenschleimhaut einschneiden, kann die Chinchilla die Zunge nicht mehr zurückbewegen und läßt den Speichel aus der Mundhöhle herauslaufen. Dies führt zu den beschriebenen nassen Stellen am Unterkiefer und Hals.

Die Haken an den Backenzähnen müssen abgeschnitten werden. Das kann unter Narkose erfolgen, ist bei ruhigen Tieren mit etwas Geduld und Übung jedoch auch ohne Anästhesie mit einer Helferin möglich. Die Helferin öffnet zur Untersuchung der Mundhöhle diese mit Hilfe einer über die Schneidezähne des Ober- und Unterkiefers geführten Zungenzange, die durch Spreizen das Maul öffnet. Mit zwei Scheren reicht man nun in die Mundhöhle und drückt die Zunge zur Seite. Eine Lichtquelle muß das Innere der Mundhöhle erhellen. Während man nun mit einer Schere die Zunge zur Seite drückt, kann man mit der anderen Schere die Haken abschneiden. Ich empfehle hierfür eine schmale, lange Schere, da eine breite Schere in der engen Mundhöhle nicht ausreichend geöffnet werden kann. Verletzungen der Mund- und Zungenschleimhaut sollten anschließend durch das Auspinseln mit Salviathymol® auf einem Watteträger behandelt werden.

Wenn die Tiere die Nahrungsaufnahme für längere Zeit verweigert haben, stimmt auch das Längenverhältnis der Nagezähne nicht mehr. Auch hier muß die Länge korrigiert werden. Es ist zu beachten, daß die unteren Schneidezähne einige Millimeter länger sind als die oberen.

Ein zu starkes Längenwachstum wird dadurch verhindert, daß die Tiere stets hartes Futter in ihrem Käfig finden (Rindenzweige, Tuffstein, siehe Fütterung, S. 111 f.).

■ Tympanie

Meistens im Frühjahr kann es bei der Chinchilla zum Auftreten von schmerzhaften Aufblähungen kommen, wenn der Fütterung zu plötzlich ein zu großer Anteil von

Grünfutter beigemischt wird. Bei den durch das Grünfutter verursachten Gärprozessen entstehen Gase, die Magen und Darm stark auftreiben. Die Tiere atmen schnell und flach, wobei der Leib stark angespannt ist. Das Klopfen mit dem Finger auf den Bauch läßt einen trommelartigen Klang vernehmen.

Therapeutisch müssen die Tiere 24 Stunden fasten und erhalten anschließend lediglich Heu zu fressen, dem allmählich ein immer größerer Anteil der normalen Fütterung zugemischt wird. Eine Injektion von 0,2 ml Buscopan® oder — will man eine Injektion vermeiden — das rektale Einführen eines linsengroßen Stückchens eines Buscopan®-Suppositoriums lindern die Beschwerden. Die Gabe von Buscopan kann nach Bedarf nach 6 Stunden wiederholt werden. Todesfälle als Folge der Tympanie sind jedoch nicht selten.

■ Enteritiden

Durch eine Störung in der Zusammensetzung der Mikroorganismen des Darms kommt es bei der Chinchilla sehr leicht zu einer Enteritis. Die Ursache kann eine zu plötzliche Futterumstellung oder eine Fütterung mit einem zu geringen Rauhfaseranteil, die orale Gabe von Tetracyclin oder anderen Antibiotika, die die Darmflora zerstören, sein. Auch bakterielle Infektionen können die Ursache einer Enteritis sein.

Hauptsymptome der Enteritis sind der Durchfall und die kotverschmierte Analregion. Außerdem sind die Darmgeräusche verstärkt. Therapeutisch muß die zerstörte Darmflora wieder aufgebaut werden. Die Tiere erhalten über 36 Stunden lediglich Heu als Diätfutter. Das Heu sollte gut und gehaltvoll sein, am besten vom ersten Schnitt. Auf keinen Fall darf altes oder schimmeliges Heu verfüttert werden, da auch dieses zum Auftreten einer Enteritis führen kann. Bei einer Enteritis ist auf die orale Gabe von Antibiotika zu verzichten, da diese die Darmflora weiter zerstören würden. Man kann den erkrankten Tieren Darmbakterien zur Verfügung stellen, indem man den Kot von gesunden Chinchillas in etwas Wasser auflöst und mit einer Einmalspritze eingibt.

Wenn die Enteritis in einem großen Tierbestand auftritt, so ist auf jeden Fall ein verendetes Tier zur Sektion einzuschicken, um die genaue Ursache für die Enteritis festzustellen, damit rechtzeitig für die übrigen Tiere Vorbeugemaßnahmen ergriffen werden können. Es ist von großer Bedeutung, daß nur einwandfreies Futter an die Tiere verfüttert wird, um das Auftreten einer Enteritis weitgehend zu vermeiden.

□ Salmonellose

Eine besondere Form der infektiösen Enteritis stellt die Salmonellose dar, deren wichtigste Erreger Salmonella typhymurium ist. Die bedeutendste Infektionsquelle ist die Nahrung. Verläuft die Salmonellose akut, so treten starke Durchfälle auf, die innerhalb von 24 Stunden zum Tode führen. Bei Jungtieren kann es zu Todesfällen kommen, die ganz plötzlich und ohne irgendein Symptom auftreten. Auch der chronische Verlauf ist beschrieben worden, bei dem es immer wieder mit Unterbrechungen zu Durchfällen kommt, die Tiere nehmen nur noch wenig Nahrung auf und kümmern.

Eine sichere Diagnose kann lediglich durch die Sektion und einen Erregernachweis gestellt werden. Daher ist im Verdachtsfall unbedingt ein Erregernachweis mit Resistenztest durchzuführen. Die Therapieerfolge sind wegen des stürmischen Verlaufs der Erkrankung ausgesprochen dürftig. In größeren Beständen ist auf jeden Fall nach Auftreten der ersten Todesfälle mit den erwähnten Symptomen der gesamte Bestand prophylaktisch antibiotisch zu versorgen.

Die Salmonellose ist eine Zoonose. Daher ist im Umgang mit den erkrankten Tieren auf strengste Hygiene zu achten.

□ Weitere infektiöse Enteritiden

Infektionen mit *Pseudomonas aeruginosa, Escherichia coli, Proteus vulgaris* oder *Listeria monocytogenes* können bei Chinchillas zu heftigen Enteritiden führen. Für die erkrankten Tiere kommen der Erregernachweis und der Resistenztest meistens zu spät, so daß Einzeltiere selten gerettet werden können. Bei jeder Form der Enteritis ist daher in großen Beständen eine Sektion mit Erregernachweis und Resistenztest durchzuführen, um die noch gesunden Tiere prophylaktisch zu behandeln. Die hierbei nach Resistenztest gegebenen Antibiotika sollten nicht länger als 3 Tage gegeben werden. Bei jedem Auftreten einer Enteritis ist eine Überprüfung der Fütterungs- und Haltungsbedingungen unerläßlich. Da die erkrankten Tiere oft sterben, sind die therapeutischen Bemühungen weniger erfolgreich als eine regelmäßige Vorbeugung. Da einige der bei der Chinchilla anzutreffenden Enteritiden Zoonosen sind, sind beim Umgang mit den Tieren besondere hygienische Maßnahmen zu beachten. *Bei Chinchillas, die als Heimtier für Kinder gehalten werden, ist es ratsam, die Kinder bis auf weiteres vom erkrankten Tier fernzuhalten, um eine eventuelle Übertragung der Krankheit auf das Kind zu vermeiden.*

■ Obstipation (Verstopfung)

Tiere, die schon mehrere Tage keinen Kot abgesetzt haben, hocken zusammengekauert in einer Käfigecke. Nicht selten geben sie auch leise Klagelaute von sich oder wälzen sich auf dem Käfigboden und springen an die Käfigwände. Hier handelt es sich um eine Verstopfung, häufig im großen Blinddarm. Bei vorsichtigem Abtasten lassen sich die angestauten Kotballen fühlen. Die Verstopfung ist gefährlich. Ein Darmverschluß kann ebenso zum Tod des Tieres führen wie ein Zerreißen der Darmwand. Therapeutisch dürfen keine zu stark abführenden Mittel verwendet werden, damit es nicht zu einem Darmriß kommt. Die Kotanschoppung ist daher sanft zu lösen. Dies wird am besten erreicht, indem man der Chinchilla mit Hilfe einer Einmalspritze oral und rektal Paraffinöl eingibt. Es ist wichtig, daß es sich hierbei um Paraffinöl und nicht um ein anderes Öl handelt, da lediglich Paraffinöl bewirkt, daß der Darm gleitfähiger wird. Wenn die Kotanschoppung ertastbar ist, kann der Bauch kurz nach der Eingabe des Paraffinöls vorsichtig massiert werden, um eine Auflösung des Kotballens zu beschleunigen. 0,2 ml Buscopan® subkutan injiziert oder die rektale Einführung eines linsengroßen Stücks eines Buscopan-Suppositoriums wirken krampflösend und lindern die starken Schmerzen.

Ursache für die Verstopfung ist fast immer Wassermangel. Für eine ausreichende Wasserversorgung (Trinkröhrchen) ist unbedingt zu sorgen.

Wenn mit Hilfe der beschriebenen Therapie nicht innerhalb weniger Stunden ein Erfolg erzielt wird, kann ein Darmverschluß lediglich chirurgisch behandelt werden. Wegen der starken Kreislaufbelastung sind die Erfolgsaussichten hierbei jedoch nicht sehr groß.

■ Rektumprolaps (Enddarmvorfall)

Sowohl bei der Enteritis als auch bei der Verstopfung kann es zu einem Durchfall kommen, bei dem ein mehrere Zentimeter langer Teil des Enddarmes aus dem After herausragt. Verbunden mit diesem Enddarmvorfall ist eine Invagination des *Colon descendens.* Um das vorgefallene Darmstück wieder in seine ursprüngliche Position zu bringen, wird die Chinchilla mit dem Kopf nach unten gehalten. Das vorgefallene Darmteil wird mit Paraffinöl oder einer antibiotischen Salbe gleitfähig gemacht und dann mit Hilfe eines Fieberthermometers zurückgedrückt. Da stets eine Invagination mit dem Darmvorfall einhergeht, muß nach der Reposition des vorgefallenen Darmteils der eingestülpte Darm wieder ausgestülpt werden. Dies geschieht durch einen Einlauf von 10 cm^3 Parachlorgelschleim, der unter sanftem Druck erfolgen muß. Nach diesem Druckeinlauf wird der Schleim sanft von caudal nach cranial massiert. 2–3 Tage nach dieser Therapie setzen die Tiere erstmals Kot ab.

■ Endoparasiten

□ Toxoplasmose

In der Literatur finden sich Fallbeschreibungen von *Toxoplasma-gondii*-Infektionen bei der Chinchilla. Die Tiere zeigen die Symptome einer Pneumonie. Sie sind matt, nehmen keine Nahrung auf und haben starken Durchfall. Im Endstadium der Krankheit kommen eitriger Augen- und Nasenausfluß dazu. Die Tiere sterben. Ob über die Chinchilla eine Übertragung der Toxoplasmose auf den Menschen durch die Ausscheidung infektionsfähiger Oozysten möglich ist, wird in der Literatur nicht ausgeschlossen.

□ **Coccidiose**
Die Coccidiose der Chinchilla wird hervorgerufen durch *Eimeria chinchillae*. Das erste Symptom der Erkrankung ist ein heftiger Durchfall. Es kann auch zu blutigem Stuhl kommen. Die Oozysten lassen sich unter dem Mikroskop, bei massenhaftem Befall im Nativpräparat, bei weniger starkem Befall mit Hilfe der Flotationsmethode mit gesättigter Kochsalzlösung nachweisen. Die Therapie erfolgt am einfachsten über das Trinkwasser. Die Fütterung muß dann ausschließlich mit Trockenfutter erfolgen, damit ausreichend Flüssigkeitszufuhr über das Trinkwasser erfolgen kann. Dem Wasser wird Durenat® in einer Dosierung von 1 g pro Liter Trinkwasser über 7 Tage oder Sulfamidin 2 %ig ebenfalls über 7 Tage beigemischt.

6.6.5 Erkrankungen der Harnorgane

■ **Cystitis**
Die Cystitis erkennt man an der Unruhe der Tiere und dem häufigen Versuch, Harn abzusetzen, wobei nur sehr kleine Mengen, die oft blutig sind, abgesetzt werden. Therapeutisch werden dem Trinkwasser Trimethoprim-Sulfamethoxaxol-Verbindungen, die unter vielen Handelsnamen erhältlich sind, als Saft mit einer Einmalspritze in einer Dosierung von 2mal täglich 20 mg Trimethoprim und 100 mg Sulfamethoxaxol eingegeben. Die obengenannten Medikamente können auch über das Trinkwasser oder als Injektion verabreicht werden. Diese Therapie ist über 3 Tage durchzuführen. Für den Fall, daß die Cystitis bei dem betroffenen Tier vorher schon häufiger aufgetreten ist, sollte unbedingt ein Resistenztest angelegt werden, damit im Falle des Versagens der Sulfonamid-Therapie auf jeden Fall ein therapeutisch wirksames Medikament bekannt ist. Sollte die Sulfonamidtherapie nicht innerhalb von 24 Stunden den gewünschten Erfolg haben, ist dringend eine Röntgenaufnahme anzufertigen, da auch bei der Chinchilla Harngries und Blasensteine bekannt sind. Die Steine zeigen sich deutlich auf dem Röntgenbild, evtl. ist ein Harnsediment mikroskopisch zu untersuchen. Hierzu wird Urin mit einem Mikrohämatokritröhrchen aufgenommen und zentrifugiert. Das Sediment läßt sich mikroskopisch untersuchen.

■ **Blasensteine**
Blasensteine müssen chirurgisch entfernt werden. Der Operationsgang ist in Kapitel 1 (Meerschweinchen) beschrieben (Kap. 1.6.5).

6.6.6 Erkrankungen der Geschlechtsorgane

Bei der gewerbsmäßigen Chinchillazucht ist die Fruchtbarkeit der Tiere für die Rentabilität des Betriebes von großer Wichtigkeit. Fruchtbarkeitsstörungen können sowohl beim männlichen als auch beim weiblichen Tier auftreten.

■ **Haarringe**
Eine häufige Ursache für die Deckunfähigkeit der männlichen Tiere sind Ringe aus verfilzten Haaren, die sich um den Penis herum gebildet haben. Diese Ringe verhindern ein vollständiges Ausschachten des Penis. Die Haarringe sind vorsichtig manuell zu entfernen. Auch nach Entfernung des Haarringes kann die Deckunlust des männlichen Tieres für eine Weile fortbestehen. Nach einiger Zeit decken die Tiere jedoch wieder normal.

■ **Penisvorfall**
Eine weitere häufige Störung der Deckfähigkeit beim männlichen Tier ist der Penisvorfall, der bei überanstrengten Tieren auftreten kann, ebenso wie nach mißglückten Deckversuchen mit deckunwilligen weiblichen Tieren. Der Penis wird mit einer antibiotischen Salbe und einer akridinfarbstoffhaltigen Salbe (Bovoflavin®) gleitfähig gemacht und vorsichtig manuell reponiert. Die Reposition des vorgefallenen Penis glückt jedoch nur, wenn das Glied nicht zu stark angeschwollen ist. Sollte das Glied zu stark

geschwollen sein, ist die Reposition nach einer vorherigen Kühlung des Gliedes mit kalten Kompressen zu wiederholen. Anschließend wird der Bock für die Dauer von 2 Wochen von den weiblichen Tieren abgesondert.

■ Deckunwilligkeit

Schlechte Ernährungs- und Haltungsbedingungen, Parasiten oder Infektionskrankheiten können beim männlichen Tier zur Deckunwilligkeit führen. Fast immer fördert eine klinische Untersuchung der betroffenen Tiere einen pathologischen Befund zutage. Um optimale Zuchterfolge zu erzielen, müssen die Haltungsbedingungen der Zuchttiere so gut wie möglich sein. Hierbei sind alle Faktoren zu berücksichtigen, die Raumtemperatur genauso wie die Beschaffenheit des Futters.

■ Vaginitis, Endometritis

Vaginitis und Endometritis sind ebenso wie die Pyometra beim weiblichen Tier möglich. Ursache für diese Erkrankungen ist eine Infektion mit *Pseudomonas aeruginosa.* Die Weiterverbreitung der Erreger erfolgt häufig über den Bock, der in der gewerblichen Zucht verschiedene weibliche Tiere befruchten muß. Die weiblichen Tiere haben einen eitrig-schleimigen Ausfluß aus der Scheide, die offensteht und sich bei innerer Betrachtung braun verfärbt zeigt. Die erkrankten Tiere sind wegen der Infektiösität von den übrigen Tieren zu trennen. Auch der Bock ist in die Therapie mit einzubeziehen. Therapeutisch werden Antibiotika verabreicht, sinnvollerweise nach einem vorhergehenden Resistenztest. Ständige Sterilität durch Verklebung der Tuben kann die Folge dieser Infektionen sein. Bei Liebhabertieren kann bei Vorliegen einer Pyometra eine Ovariohysterektomie durchgeführt werden.

■ Gebärmuttervorfall

Ohne erkennbare Ursache kommt es in manchen Fällen bei der Chinchilla zum Gebärmuttervorfall. Vielleicht ist auch beim Deckakt das Verhalten zu ungestümer Böcke hierfür in manchen Fällen die Ursache. In jedem Fall muß der Prolaps chirurgisch reponiert werden. Hierzu wird die Chinchilla zur Operation vorbereitet und nach der Eröffnung der Bauchhöhle der Uterus zurückgezogen. Es ist empfehlenswert, den Vorfall vor dem Zurückziehen mit einer akridinfarbstoffhaltigen Salbe (Bovoflavin®) oder einer antibiotischen Salbe gleitfähig zu machen.

■ Geburtsstörungen

Geburtsstörungen kommen bei der Chinchilla vor. Zu große Früchte oder ein zu früher Zuchteinsatz des weiblichen Tieres können zu Geburtsstörungen führen. Falschlagen oder zu große Früchte lassen sich auf einer Röntgenaufnahme diagnostizieren. Erfahrene Chinchillazüchter führen genau Buch über die voraussichtlichen Wurfdaten ihrer Tiere, so daß sie mit ihren Tieren bei Geburtsstörungen meistens früh genug den Tierarzt aufsuchen. Steckt das Jungtier in der Scheide fest, so kann man versuchen, es durch Zug aus der Scheide herauszubekommen. Sollte dies nicht gelingen, ist ebenso wie in allen anderen Fällen der Kaiserschnitt durchzuführen. Hierzu wird die Chinchilla in Narkose gelegt und in Rückenlage ausgebunden. Da das Narkosemittel nicht nur das Muttertier, sondern über den Blutkreislauf auch das oder die Jungtiere beeinflußt, ist beim Kaiserschnitt stets Eile geboten. Die Bauchseite der Chinchilla wird vom Brustkorb ab rasiert und desinfiziert. Die Bauchhöhle wird in der *Linea alba* eröffnet und der Uterus herausgelagert. Die Öffnung des Uterus muß so groß sein, daß die Frucht oder die Früchte bequem herausmassiert werden können. Nach dem Abnabeln ist das Jungtier mit einem sauberen Frottierhandtuch abzutrocknen und zu massieren. Der Uterus wird mit einer Zweietagennaht mit einem resorbierbaren Nahtmaterial verschlossen und zurückgelagert. Der Verschluß der Bauchhöhle erfolgt in der üblichen Weise.

■ Trächtigkeitstoxikose

Bei der tragenden Chinchilla kann es bei einer mangelhaften Nährstoffzufuhr durch ungenügende Futterzusammensetzung kurz vor der Geburt zu einer Trächtigkeitstoxikose kommen. Die Tiere liegen plötzlich auf der Seite und sterben sehr rasch. Da jede Therapie bei der Trächtigkeitstoxikose zu spät kommt, ist das Hauptaugenmerk auf die Verhütung zu legen. Tragende Tiere müssen optimal versorgt werden, um Verluste nach Möglichkeit zu vermeiden.

6.6.7 Erkrankungen der Sinnesorgane und des Nervensystems

■ Auge

□ Bindehautentzündung

Gerötete Lidbindehäute mit klarem oder eitrigem Augenausfluß werden bei sehr vielen Infektionskrankheiten als Begleiterscheinung angetroffen. Eine Therapie mit antibiotischen Augensalben hat nur wenig Erfolg. Therapeutisch ist es hier vorrangig, die Ursache der Haupterkrankung abzustellen, die Konjinktivitis geht dann von selbst zurück.

Bei sehr starkem Tränenfluß ist es wichtig, die verwendete Augensalbe nicht nur ein- oder zweimal täglich, sondern alle 1–2 Stunden ins Auge einzubringen, da die starke Tränenflüssigkeitsproduktion die Augensalbe rasch wieder herausschwemmt.

Einseitige Bindehautentzündungen mit Ausfluß können ihre Ursache in einer Hornhautverletzung haben. Bei Vorliegen einer einseitigen Bindehautentzündung ist daher in jedem Fall das Auge mit einem Tropfen Fluorescinlösung zu beträufeln, um das Vorliegen einer Hornhautverletzung auszuschließen. Die verletzte Stelle leuchtet nach dem Einbringen eines Tropfens Fluorescinlösung grün auf.

□ Keratitis

Verletzungen der Hornhaut treten bei Kämpfen der Tiere untereinander oder durch Heu auf. Umfang und Ausmaß der Hornhautverletzung werden mit Hilfe der Fluorescinlösung ermittelt. Therapeutisch müssen antibiotische Augensalben eingebracht werden. Unterstützend zum Aufklaren der Hornhaut können glukosehaltige und kalziumhaltige sowie Vitamin-A-haltige Augensalben verwendet werden (Regepithel®). Wegen der Gefahr einer Hornhautperforation sind cortisonhaltige Augensalben bei Hornhautverletzungen nicht zu verwenden.

■ Ohr

□ Otitis externa

Durch starke Verschmutzung kann es zu einer Entzündung des äußeren Gehörgangs kommen. Die Tiere kratzen sich am Ohr oder reiben mit dem Kopf über den Boden. In schweren Fällen halten sie den Kopf schief. Ein bräunlicher Eiter läuft aus dem Gehörgang und kann in schweren Fällen zu einer Entzündung der umgebenden Haut führen. Der befallene Gehörgang ist mit einem Watteträger gründlich zu reinigen. Hierbei dürfen auf keinen Fall alkoholhaltige Lösungsmittel, die als sogenannte »Ohrreinigungsmedikamente« verkauft werden, verwendet werden, um das Gehörgangsepitel nicht noch weiter zu schädigen. Nach gründlicher Säuberung des Gehörgangs wird mit Hilfe eines Watteträgers eine Lebertran-Zink-Salbe eingebracht. Die Reinigung des Gehörgangs ist nach 48 Stunden zu wiederholen, ebenso die Einbringung der Lebertran-Zink-Salbe (Zincojecol®).

Wegen der Gefahr einer Weiterentwicklung der Otitis externa durch Staphylokokken oder Streptokokken zur Otitis media und Otitis interna sind auf jeden Fall die Tiere, die eine Otitis externa mit eitrigem Ausfluß aus dem Ohr haben, antibiotisch zu behandeln.

6.6.8 Weitere Erkrankungen

■ Stoffwechselerkrankungen

Fast alle klinisch manifesten Stoffwechselerkrankungen der Chinchilla sind durch ernährungsbedingte Mangelzustände hervorgerufen. Es werden beschrieben: Vitamin-E-Mangel, Yellowfat Disease, Thiaminmangel und Kalziummangel. Es wird hier nochmals daran erinnert, daß sich diese Stoffwechselerkrankungen durch eine Optimierung der Fütterung und der Haltungsbedingungen vermeiden lassen. Erfahrene Chinchillazüchter, die die Chinchillazucht zum

Broterwerb betreiben, werden von vornherein die Tiere so gut wie möglich füttern, da nur gesunde Tiere ein gutes Haarkleid aufweisen und so einen guten Preis erzielen. Auf die Bedeutung einer ausgewogenen Ernährung kann nicht deutlich genug hingewiesen werden.

6.7 Hinweise für die Zucht

■ Trächtigkeitsuntersuchung

12 Stunden nach dem Deckakt, der fast immer nachts stattfindet und mit viel Getöse vor sich geht, verliert das weibliche Tier den Deckpfropfen aus eingetrockneter Samenflüssigkeit aus der Scheide. Wenn die folgende Hitze nach ca. 30 Tagen ausbleibt, ist es wahrscheinlich, daß die Chinchilla tragend ist. Da die Trächtigkeitsdauer bei der *Chinchilla lanigera* im Mittel 111 Tage und für die *Chinchilla brevicaudata* 125 Tage dauert, ist eine frühe Trächtigkeitsdiagnose sehr schwierig. Im Anfangsstadium kann lediglich das Ausbleiben der Hitze als Anzeichen für eine Schwangerschaft gewertet werden. Da die Früchte sehr klein sind, ist auch das Abtasten der weiblichen Tiere erst zu einem späten Zeitpunkt der Trächtigkeit erfolgversprechend. Eine weitere Möglichkeit ist das Wiegen der Muttertiere. Während der ersten 2 Monate der Trächtigkeit entwickeln sich die Feten nur sehr langsam, daher ist auch während dieser Zeit nur eine geringe Gewichtszunahme zu verzeichnen, und dies auch nur dann, wenn eine sehr empfindliche Waage (Babywaage) verwendet wird. Im letzten Drittel der Trächtigkeit geht die Entwicklung jedoch sehr rasch vonstatten und die Tiere nehmen in dieser Zeit auch deutlich an Gewicht zu.

Ein weiteres Anzeichen für die Trächtigkeit ist das starke Anschwellen der Zitzen 8 Wochen nach dem Deckakt.

Eine Röntgenaufnahme zur Feststellung der Trächtigkeit kann erst gegen Ende der Tragzeit angefertigt werden, wenn das Skelett der Embryonen soweit verknöchert ist, daß es auf dem Röntgenbild darzustellen ist.

■ Aufzucht

Nach einer Trächtigkeitsdauer zwischen 108 und 115 Tagen bei der *Chinchilla lanigera* und 125 bis 128 Tagen bei der *Chinchilla brevicaudata* werfen die Chinchillas zwischen 1 und 4 — normalerweise 2 — Jungtiere. Die Geburt findet meistens in den frühen Morgenstunden statt. Die beiden Jungtiere werden im Abstand zwischen einigen Minuten bis zu 1–2 Stunden geboren. Die Nachgeburt wird vom Muttertier aufgenommen. Die Jungtiere sind vollständig entwickelt, die Augen sind geöffnet. Wenn die Jungtiere kurz nach der Geburt nicht mehr aufzufinden sind, besteht dennoch kein Grund zur Aufregung. Sie kriechen, bis sie vollständig trocken sind, unter die Mutter, um so besser vor Wärmeverlust geschützt zu sein.

Bei Würfen mit mehr als 2 Jungtieren muß der Züchter ein waches Auge darauf haben, daß alle Jungtiere genügend Milch bekommen. Bei großen Würfen werden häufig die schwächeren Tiere von den stärkeren von den Milchdrüsen verdrängt. Dann sind auch Beißereien unter den Jungtieren nicht selten. Beißereien unter den Jungtieren sind ein Indiz für Hunger und Unzufriedenheit. Hier muß oft mit der Flasche zugefüttert werden. Hierzu verdünnt man einen Teil Kondensmilch mit 2 Teilen Kamillentee. Die so verdünnte Milch muß im Wasserbad auf Körpertemperatur gebracht werden und kann den Jungtieren dann vorsichtig mit Hilfe einer sterilen Einmalspritze oder eines Puppenfläschchens eingegeben werden. Da neugeborene Chinchillas schon scharfe Zähne haben, ist von der Fütterung mit einer Glaspipette abzuraten, da die Tiere das dünne Ende der Glaspipette zerbeißen können und sich so Verletzungen zufügen. Während die Tiere am Anfang alle 2 Stunden getränkt werden müssen, kann man später dazu übergehen, die Zeiten zwischen den Fütterungen zunächst auf 4 und dann auf 6 Stunden auszudehnen. Die Milch muß den kleinen Chinchillas sehr vorsichtig eingeflößt werden, damit sie sich nicht verschlucken, was eine tödliche Pneumonie zur Folge haben kann. Wenn die kleinen Chinchillas die Milch nur sehr ungern annehmen und beim Trinken den rechten Enthusiasmus vermissen lassen, kann man die Marke der Kondensmilch wechseln. Oft bevorzugen die Jungtiere eine spezielle Dosenmilchsorte. Zum Verdünnen der Milch kann man statt des Kamillentees auch abgekochtes Wasser nehmen.

Chinchillajungtiere beginnen schon sehr früh mit der Aufnahme von fester Nahrung. Daher können den Tieren nach einer Woche zusätzlich zur Milch auch schon Zwieback oder Pellets angeboten werden, und nach einer weiteren Woche können die Jungtiere schon Heu bekommen. Bei einer langsamen und vorsichtigen Umstellung auf Festfutter kann die Milchfütterung in der 5. Lebenswoche ganz eingestellt werden. Zu Beginn der Fütterung fester Kost können Durchfälle auftreten. Die Milch muß dann weggelassen werden, der Kamillentee wird unverdünnt gegeben. Wenn nach 24 Stunden der Kot nicht wieder geformt ist, erhalten die Tiere morgens und abends 4 Tropfen Bactrim® Roche Sirup für Kinder.

Während der künstlichen Aufzucht ist stets das Gewicht der Jungtiere zu kontrollieren. Eine stetige Gewichtszunahme zeigt an, daß das Angebot an Nährstoffen und die Menge der Nahrung für das Jungtier richtig sind. Junge Chinchillas wiegen bei der Geburt ca. 40 g. Nach 2 Wochen sollten sie bereits 80 g wiegen, nach einem Monat etwa 120 g. Abweichungen von diesen Werten sind in beiden Richtungen möglich, hier sind nur ungefähre Richtwerte angegeben.

6.8 Literatur

Bickel, E., 1977: Südamerikanische Chinchillas. Minden: Albrecht Philler.

Boehm, K. H., & C. Loeliger, 1969: Die Verbreitung von Dermatophyten bei Pelztieren (Nerz und Chinchilla). Zentralblatt für Veterinärmedizin **16** B, 775—783.

Brown, D. H. W., 1964: Uterine Prolapse in the Chinchilla. Vet. Rec. **76,** 461.

Cavill, J. P., 1967: Listeriosis in Chinchillas *(Chinchilla lanigera).* The Veterinary Record **80** (20), 592—594.

Dall, J., 1963: Diseases of the chinchilla. Journal of small animal Practice **4,** 207—212.

Dall, J. A., 1967: Diaphragmatic hernia in a chinchilla. Vet. Rec. **81,** 599.

Goudas, P., & J. S. Gilroy, 1970: Spontaneous herpes-like viral infection in a Chinchilla. Journal of Wildlife Diseases **6,** 175—179.

Goudas, P., & P. Lusis, 1970: Oxalate nephrosis in chinchilla. Canadian Veterinary Journal **11,** 256—257.

Grzimek, B., 1979: Grzimeks Tierleben, Band 11, Enzyklopädie des Tierreichs. München: DTV.

Haenichen, T., T. Bibrack, & H. Schels, 1966: Eitrige Herdnephritis beim Chinchilla. Berliner und Münchener Tierärztliche Wochenschrift **79,** 356—358.

Hayes, F. A., 1956: Treatment of Ringworm in Chinchillas. Journal of American Veterinary Medical Association **128,** 193—195.

Hebel, R., 1969: Zur Anatomie der Verdauungsorgane, Darmanhangsdrüsen und Milz der Langschwanzchinchilla. Säugetierkundliche Mitteilungen München **17,** 1—30.

Isenbuegel, E., & W. Frank, 1985: Heimtierkrankheiten. Stuttgart: E. Ulmer.

Jones, M. D., 1968: Enterotoxemia in chinchillas. Journal of American Veterinary Medical Association **152** (11), 1632.

Jordan, W. J., 1965: Unfruchtbarkeit beim *Chinchilla lanigera,* Kleintierpraxis **10,** 243—244.

Kast, A., 1962: Leukose beim Chinchilla. Berliner und Münchner Tierärztliche Wochenschrift **75,** 414—415.

Kraft, H., 1965: Diagnostik und Therapie der Erkrankungen des Magen-Darm-Traktes der Chinchilla. Tierärztliche Rundschau **20,** 78—79.

Kraft, H., 1962: Kranke Chinchillas. München: Roland Verlag.

Kraft, H., 1965: Die Unfruchtbarkeitsbekämpfung bei Chinchilla. Tierärztliche Umschau **20,** 77—78.

Kraft, H., 1966: Grundriß der Chinchilla-Krankheiten. Die blauen Hefte für den Tierarzt **11,** 7—12.

KRAFT, H., 1984: Krankheiten der Chinchilla. Minden: A. Philler.

LARRIVEE, G. P., & C. A. ELVEHJEM, 1954: Disease Problems in Chinchilla. Journal of American Veterinary Medical Association **124,** 447—455.

LINDT, S., & U. FREUDIGER, 1961: Mocardiose beim Chinchilla. Schweiz. Arch. für Tierheilkd. **103,** 302—308.

LOELIGER, H. C., & W. BECKER, 1964: Enterale Infektionen beim Chinchilla. Berliner und Münchner Tierärztliche Wochenschrift **79,** 356—358.

LÖLIGER, H. CHR., 1961: Die Pathologie der nekrotisierenden Entero-Colitis der Chinchilla nach Infektionen mit *Pseudomonas aeruginosa.* Aus der Bundesforschungsanstalt für Kleintierzucht Celle. Kleintier-Praxis **6,** 41—47.

MARLOW, C. H. B., 1963: Outbreak of Intussusception in a Herd of Chinchillas, Afr. vet. med. Ass. **XXXIV** (4), 637—640.

MEINGASSNER, J. G., & H. BURTCHER, 1977: Doppelinfektion des Gehirns mit *Frenkelia species* und *Toxoplasma gondii* bei *Chinchilla lanigera.* Veterinary Pathology **14** (2), 146—153.

DU PLESSIS, J. D., R. D. BIGALKE, & T. O. GURNELL, 1976: An Outbreak of Toxoplasmosis in Chinchillas in South Africa. J. S. Afr. vet. Ass. **38** (1), 79—83.

DU PLESSIS, J.L., & M. COLLINS, 1968: A Hymenolepid Cysticercoid from the Liver of Chinchilla. JIS. Afr. vet. med. Ass. **39** (1), 69—72.

RAEVUORI, M., & M. J. PICKETT, 1979: *Yersinia enterocolitica.* Experimental pathogenicity for Chinchilla. Acta veterinaria Scandinavica **20** (1), 82—91.

STAMPA, S., & N. K. HOBSON, 1966: Control of some internal Parasites of Chinchillas. Journal of American Veterinary Medical Assosiation **149** (7), 929—932.

STOEBE, W., 1965: Zur Behandlung des Darmvorfalls bei der Chinchilla. Tierärztliche Umschau **20** (2), 79.

UNSHELM, J., & K. ZRENNER, 1960: Die Chinchilla in der tierärztlichen Praxis. Tierärztliche Umschau **15,** 155—158.

VOLCANI, R., R. ZISLING, D. SKALN, & Z. NITZAN, 1973: The composition of Chinchilla milk. British Journal of Nutrition **29** (1), 121—125.

VOWLES, G. B., 1959: A use of Dystocia and Caesarean Section in chinchilla lanigera, The Veterinary Record **71** (44), 922—923.

WATSON, W. A., & F. I. WATSON, 1966: An outbreak of Salmonella dublin infection in chinchillas. Vet. Rec. **78,** 15—17.

WEIR, B. J., 1972: The Chinchilla. In the UFAW Handbook on the care and management of laboratory animals, p. 269—277. Edinburgh, London: Churchill Livingstone.

7 Anhang

7.1 Allgemeiner Untersuchungsgang für kleine Heimtiere

Die Diagnosestellung und Therapie bei kleinen Haustieren unterscheidet sich im wesentlichen nicht von der anderer Tierarten. Die Untersuchung gliedert sich auch hier in die Anamnese und in die systematische Untersuchung des Patienten. Als brauchbare Grundlage für die Therapie halte ich folgende Checkliste, die auf einer Tabelle von Stephen M. SCHUCHMAN, Castro Valley, CA, U.S.A., basiert, für besonders geeignet.

7.1.1 Checkliste

1. Tierart?
2. Geschlecht?
3. Alter?
4. Gewicht?
5. Was wird gefüttert und von wem?
6. Wie bekommt das Tier sein Wasser und von wem?
7. Raum- und Käfigtemperatur?
8. Luftfeuchtigkeit?
9. Art des Käfigs?
10. Wie oft wird der Käfig gereinigt?
11. Wie viele Tiere und welche Tierarten werden gehalten?
12. Welche Altersgruppe ist betroffen?
13. Was ist das Hauptsymptom und wie lange besteht es?
14. Was ist nach Meinung des Patientenbesitzers das Problem?
15. Hat der Patient Junge gehabt?
16. Ist das Tier in der Vergangenheit mit Medikamenten behandelt worden?

7.1.2 Untersuchung des Tieres

1. Haut- und Haarkleid

a) Allgemeinzustand
b) Zeichen von Kratzen oder Kämpfen
c) Haarausfall
d) Pusteln
e) Prüfung des Haarkleides mit der Woodschen Lampe
f) Hautschwellungen (Neoplasien)
g) Hautgeschabsel, Untersuchung auf Parasiten

2. Zehen- und Afterregion

a) Zehennekrosen
b) Ulzerierte oder abszedierte Fußsohlen
c) Verletzungen in der Afterregion
d) Kotverschmutzung

e) angeborenes Fehlen des Schwanzes
g) eingewachsene Zehennägel

3. Ohren
a) Untersuchung des Gehörganges
b) Kratzspuren an den Ohren

4. Fortbewegung
a) Bewegungsdrang
b) Lahmheiten
c) Paraparese oder Paraplegie
d) Bevorzugen einer Seite beim Hinlegen
e) Röntgenuntersuchung

5. Muskulatur
a) Zustand und Menge der Muskelmasse
b) Schmerzen beim Palpieren

6. Zentralnervensystem
a) Reflexe
b) Störungen im zentralen Nervensystem (Kopfzucken, Krämpfe, Torticollis)
c) Untersuchung der Augen

7. Atmungsapparat
a) Schwere Atmung
b) Atmung mit offenem Mund
c) Nasenausfluß
d) Auskultation des Thorax
e) Röntgenuntersuchung des Thorax

8. Kreislaufsystem
a) Auskultation
b) Puls
c) Röntgenuntersuchung des Thorax
d) Blutuntersuchung
e) Farbe und Beschaffenheit der Schleimhäute

9. Gastrointestinaltrakt
a) Überprüfung des Gebisses
b) Überprüfung der Backentaschen auf Füllung oder andere unphysiologische Erscheinungen
c) Untersuchung der Zunge und der Mundschleimhaut
d) Palpation des Abdomens
e) Untersuchung der Afterregion auf Durchfall
f) Konsistenz und Farbe des Kots
g) Untersuchung des Kots auf Parasitenbefall
h) Röntgenuntersuchung des Abdomens

10. Lymphatisches System
a) Untersuchung der Lymphknoten
b) Abszeßbildung bei Lymphknoten
c) Neoplasien

11. Gesäuge
a) Neoplasien
b) Mastitis
c) Vergrößerung der Milchdrüsen bei Laktation

12. Urogenitaltrakt
a) Geschlechtsbestimmung
b) Untersuchung des Penis
c) Vaginalausfluß
d) Palpation des Abdomens auf Schwangerschaft
e) Urinanalyse
f) Palpation der Blase auf Blasensteine

7.2 Empfohlene Medikamente und ihre Dosierung

Die folgende Tabelle soll die im Text erwähnten Arzneimittel und ihre Anwendung und Dosierung in übersichtlicher Form bieten. Sie erhebt keinen Anspruch auf Vollständigkeit und auch die Erwähnung von Handelsnamen stellt nur eine Beispielsangabe, jedoch keine Wertung dar. Die Einteilung erfolgt in alphabetischer Reihenfolge.

Auf die Erwähnung von Kombinationspräparaten wurde weitgehend verzichtet, da eine gute Diagnosestellung ihre Anwendung fast immer vermeidbar macht.

Arzneisubstanz und Dosierung	**Handelsname z. B.**	**Bemerkungen**
Ampicillin 1 mg/100 g KG i. m.	Amblosin®, Binotal®	Schockgefahr! Nur im Notfall anwenden.
Atropinsulfat 0,02 mg/100 g KG s. c., i. m., i. v.		kann bei Kaninchen d. Atropinesterase abgebaut werden.
Bromociclen Pulver zum Einstäuben Badebehandlung 0,5–0,6 % Lösg.	Alugan®	
Calciumglukonat 10 % Infusion oder s. c. 1 ml/100 g KG		
Chloramphenicol 5 mg/100 g KG i. m.		2 × tägl. anwenden
Chloramphenicolpalmitat 2–5 mg/100 g KG oral	Chloromycetinpalmitat®	3 × tägl.
Chlormadinonacetat 1 mg/100 g KG s. c.	Gestafortin®	Horm. Alopezie
Dexamethason 0,05 mg/100 g KG s. c., i. m., i. v., i. p.	Voren®	
Chlortetracyclin 1 g/Kg Futter	Aureomycin®	Medizinalfutter
Cythioat 3 mg/kg KG	Cyflee®	bei Überdosis Atropin als Antidot
Diazepam 0,5 mg/100 g KG	Valium®	
Dichlorvos Raumstrips oder Aufsteller		nicht länger als 1 Woche im Raum lassen

Arzneisubstanz und Dosierung	Handelsname z. B.	Bemerkungen
Dihydroergocristinmethansulfonat 3 × tägl. 1 Tropfen/100 g KG	Nehydrin®	enthält Alkohol!
Dimetridazol 0,1%ig ins Trinkwasser	Emtryl®	7 Tage anwenden
Doxycyclin 0,05 ml/100 g KG oral	Vibramycin® Saft	
Erythromycin 1 mg/100 g KG	Erythrocin®	nur nach Res. Test b. Kaninchenschnupfen
Etisazol Lösg. z. äußerl. Anwendung	Ectimar®	nur kleine Stellen behandeln
Fenbendazol 2–5 mg/100 g KG	Panacur®	
Fluothane Inhalation, Dosierung nach Wirkung		
Gentamycin 0,2 mg/100 g KG	Refobacin®	nephrotoxisch!
Griseofulvin 2–3 mg/100 g KG	Fulcin®, Likuden M®	nicht bei Meerschweinchen.
Ivermectin 0,2 mg/100 g KG	Ivomec®	2 × im Abstand von 1 Woche
Ketaminhydrochlorid 5–25 mg/100 g KG	Ketanest®	tierartl. Unterschiede
Lidocain s. c.		Lokalanästhesie
Mebendazol 2 mg/100 g KG	Telmin KH®	
Methoxyflurane Inhalation, Dosierung nach Wirkung	Pentrane®	
Metronidazol 5 mg/100 g KG ins Trinkwasser	Clont®	
Metrifonat zum Baden 0,15%ig	Neguvon®	

Arzneisubstanz und Dosierung	Handelsname z. B.	Bemerkungen
Niclosamid 10 mg/100 g KG oral	Mansonil®	
Nitrofurantoin 1 Tropfen 500 g/KG	Urofur®	
Oxytetracyclin 1 mg/100 g KG i. m.	Terramycin®	
Penicillin G 2000 I. E./100 g KG		nur beim Kaninchen anwenden!
Pentobarbital 6–9 mg/100 g KG i. p.	Nembutal®, Narcoren®	
Phentanylfluanison 0,05 ml/100 g KG i. m.	Hypnorm®	
Piperazincitrat 100 mg/100 g KG oral 200–400 mg/l Trinkwasser		Kur wiederholen.
Praziquantel 0,5 mg/100 g KG oral	Droncit®	
Prednisolon 0,1 mg/100 g KG s. c., i. m.	Decortin®	
Sulfadimethoxin 4 mg/100 g KG oral	Borgal®	
Sulfamidin 2 % ins Trinkwasser		
Tetracyclin 1–5 mg/100 g KG i. m. 0,3–0,5 g/100 ml ins Trinkwasser	Hostacyclin®	
Thiabendazol 5 mg/100 g KG oral	Thibenzole	
Tylosin 0,2–0,4 mg/100 g KG i. m.		2 × tägl. injizieren
Trimethoprim 2 mg/100 g KG oral		2 × tägl. verabreichen
Yomesan 10–15 mg/100 g KG oral	Yomesan®	2 Tage über das Futter verabreichen.
Xylazin 0,5–1,5 mg/100 g KG	Rompun®	Tierartliche Unterschiede

Auf die Verwendung von Spraydosen sollte aus Gründen des Umweltschutzes verzichtet werden!

7.3 Sachverzeichnis

Die Seitenangaben verweisen auf folgende Kapitel:

10–33	Meerschweinchen
34–59	Kaninchen
60–75	Hamster
76–87	Hörnchen
88–106	Maus und Ratte
108–125	Chinchilla

AD US. VET.

Wir liefern und besorgen die Fachliteratur des In- und Auslandes

1918 1988

70 Jahre Fachbuchhandel im Dienste der Tiermedizin

Ignaz Schweitzer

Buchhandlung am Englischen Garten

Veterinärstraße 10 · D-8000 München 22
Telefon 089/28 52 40 und 28 57 06

Methoden der praktischen Hämatologie für Tierärzte

Von Prof. i. R. Dr. med. vet. H. Niepage, Berlin. 2. Aufl. 1989. 74 S. mit 18 Abb. Kart. DM 34,–
ISBN 3-489-51416-5

Methoden der praktischen Hämatologie – das sind nicht nur die labortechnischen Verfahren, sondern neben der sorgfältigen Gewinnung auch die kritische Beurteilung hämatologischer Daten in der tierärztlichen Praxis und im Tierversuch, um anhand von Blutproben den Funktionszustand lebenswichtiger Zellsysteme zu erkennen und diagnostisch auszuwerten.
Da die Hämatologie während des tierärztlichen Studiums oft zu kurz kommt, bietet das Buch, bereits in der zweiten, neubearbeiteten Auflage, eine anwendungsbezogene Einführung in die spezielle Hämatologie für Tierärzte und Studierende. Es ist zugleich ein praktischer Ratgeber fürs Labor.

Atlas zur Hämatologie von Hund und Katze

Von Dr. P. Keller, Basel und Prof. Dr. U. Freudiger, Bern. 1983. 160 S. mit 284 Abb. in 665 Einzeldarst., davon 381 farbig, einer schem. Zeichnung und 2 Tab. Geb. DM 218,–
ISBN 3-489-65516-8

Kleintierchirurgie

Ein Atlas chirurgischer Techniken

Von Prof. Dr. W. E. Wingfield, Fort Collins/USA, und Prof. Dr. C. A. Rawlings, Athens, USA. Aus dem Amerik. von G. König, Berlin. 1982. 206 S. mit 80 Abb. in 266 Einzeldarst. und 1 Tab. Geb. DM 39,–. ISBN 3-489-63316-4

Handbuch der Schutzimpfungen in der Tiermedizin

Ein Lehr- und Handbuch der prophylaktischen Infektionsmedizin, der allgemeinen und speziellen Tierseuchenbekämpfung, der Populationsmedizin sowie der Immunologie und der Impfstoffherstellung.

Von Prof. Dr. Dr. h. c. A. Mayr, München, Prof. Dr. G. Eißner, Tübingen und Prof. Dr. B. Mayr-Bibrack, München. 1984. 1026 S. mit 160 teilw. farb. Abb. davon 50 auf 8 Farbtaf. Geb. DM 198,–
ISBN 3-489-66416-7

Preise: Stand 1. 3. 1989

PAUL PAREY Berlin und Hamburg

Criniton® vet. N

Nur über Tierärzte und Apotheken erhältlich

Dr. Atzinger & Co. KG.
8390 Passau

Vertrieb für die Schweiz:
Medinca, 6301 Zug
Für Österreich:
Plantadrog, 1030 Wien

Intensiv wirkendes, shampoo-ähnliches Dermato-Therapeutikum zur Behandlung von Hauterkrankungen sowie gegen Parasiten, z.B. Flöhe, Läuse, Milben und Zecken bei Hunden.

Zusammensetzung:
100 g enthalten:
Thymol 0,15 g
Lindan 0,5 g
Salicylsäure 0,75 g
Methionin 1,0 g
Rosmarinöl 6,5 g

Packungsgrößen: Flaschen zu 100 ml und 200 ml
(Stand seit Januar 1988)

Hans G. Niemand / Peter F. Suter

Praktikum der Hundeklinik

Herausgegeben von Prof. Dr. P. F. Suter, Zürich, und Dr. H. G. Niemand, Mannheim. Mit Beiträgen von Dr. Jürgen Arndt, Hamburg, Dr. Susanna Arnold, Zürich, Dr. Beat Bigler, Bern, Dr. Dr. Winfried Drochner, Hannover, Dr. Hugo Gehring, Stuttgart, Dr. Rudolf H. Gwalter, Jona, Dr. Ferenc Kása, Lörrach, Dr. Gerhilde Kása, Lörrach, Dr. Uwe Kersten, Hannover, Dr. Hans G. Niemand, Mannheim, Dr. Solveig Niemand, Mannheim, Dr. Wolf-Dieter Prieur, Waldenburg, Prof. Dr. Christian Saar, Hamburg, Dr. Hans-Otto Schmidtke, Havetoft, Prof. Dr. Roman T. Skarda, Columbus, Ohio/USA, Dr. Peter Sterchi, Bern, Prof. Dr. Peter F. Suter, Zürich, Dr. Christoph Uehlinger, Münchenstein, Dr. Ingo Walde, Wien. 6., völlig neubearbeitete Auflage. 1989. 848 S. mit 375 Abb., davon 49 farbig sowie 97 Tab. Geb. DM 198,–. ISBN 3-489-50816-5

Zunehmende Spezialisierung und Aufsplitterung auf den Gebieten der Kleintierchirurgie und Inneren Medizin haben zu einer erheblichen Zunahme des Fachwissens geführt. Aus dieser Fülle haben Herausgeber und Mitautoren der sechsten, völlig neubearbeiteten Auflage dieses Standardwerks der Hundeklinik Grundlegendes und Wesentliches besonders herausgearbeitet. So wurden u. a. bei den Organkrankheiten die einleitenden Angaben zu den diagnostischen Methoden stark erweitert. Darüber hinaus wird der Leser, ausgehend von Leitsymptomen und den Ergebnissen von Suchprofilen, and die möglichen Diagnosen herangeführt. Zum besseren Verständnis der Therapiegrundsätze werden die Pathomechanismen der Krankheiten noch stärker hervorgehoben. Die Behandlungsempfehlungen beschränken sich bewußt auf eine möglichst geringe Zahl solcher Medikamente, deren Wirkung durch kritische Untersuchungen belegt ist. – So entspricht die Neuauflage den weitgefächerten Bedürfnissen der Allgemeinpraktiker und der Studierenden und damit den Erwartungen, die von einem großen Interessentenkreis an ein Werk solchen Ranges gestellt werden.

Preise: Stand 1. 3. 1989

PAUL PAREY

Berlin und Hamburg

Vitacombex® Na

Multivitaminsaft für Nager

Vitacombex® Na ist ein angenehm schmeckender, wäßriger Multivitaminsaft zur Behandlung und Prophylaxe von Vitaminmangelzuständen. Durch den hohen Gehalt an Vitamin C ist Vitacombex® NA besonders auf die Bedürfnisse der Nager ausgelegt, da diese nicht in der Lage sind, Vitamin C zu synthetisieren. Vitacombex® NA erhöht die Widerstandskraft, speziell gegen Infektionen, erzielt gute Zuchtergebnisse und dient der Pflege des Haarkleides.

Zusammensetzung: 5 ml Suspension enthalten: Ölige Vitamin-A-Lösung 5000 I.E., Vitamin-D_3-Cholesterin 400 I.E., Vitamin-B_1-chloridhydrochlorid 3 mg, Vitamin-B_2-5'-phosphat-natrium 4,3 mg, Vitamin-B_6-hydrochlorid 1 mg, Vitamin-B_{12}-Cyanokomplex 5 µg, Vitamin C 50 mg, Nicotinamid 20 mg, Natrium-D-pantothenat 5,5 mg. **Dosierung:** Hamster, Meerschweinchen, Hörnchen, Zwergkaninchen, Mäuse erhalten je nach Größe und Gewicht 10 – 40 Tropfen pro Tier und Tag über das Futter oder das Trinkwasser. Das Trinkwasser sollte am selben Tag verbraucht werden. Nicht bei Tieren anwenden, die der Gewinnung von Lebensmitteln dienen. Nicht über 25 °C lagern. Packungsbeilage beachten.

PARKE-DAVIS

Parke, Davis & Company, Berlin
Postanschrift:
Postfach 5620, 7800 Freiburg

Augenheilkunde Hund und Katze

Von Prof. B. Clerc, Maison-Alfort. Bearb. v. Dr. A. Krähenmann, Bern. 1989. Ca. 244 S. mit ca. 213 Abb., davon 68 farb. und ca. 20 Tab. Geb. ca. DM 140,–. ISBN 3-489-69916-5

Reichhaltig und farbig illustriert, ist das Buch in zwei Teile gegliedert. Nach einem anatomischen Repitorium beschäftigt sich der erste Teil mit der Untersuchung des Auges, der medikamentösen Behandlung, dem chirurgischen Instrumentarium sowie mit den einfachen chirurgischen Techniken und mit der Notfallchirurgie. Der zweite Teil ist den Erkrankungen der einzelnen Teile des Auges und seiner Nebenorgane gewidmet.
Besonders hervorzuheben sind die übersichtlichen Darstellungen der verschiedenen Eingriffe und Operationstechniken und deren Beschreibung in Wort und Bild ebenso wie 41 Aufnahmen des Augenhintergrundes bei Hund und Katze, die die verschiedenen pathologischen Zustände sehr gut erkennen lassen.
Das Buch wendet sich in erster Linie an Kleintierpraktiker und -kliniker, denen es eine übersichtliche und praktische Darstellung der Augenheilkunde bei Hund und Katze vermittelt, sowie an die Studierenden.

Atlas of Radiographic Anatomy of the Dog and Cat Atlas der Röntgenanatomie von Hund und Katze

Von Prof. Dr. Dr. h. c. H. Schebitz, München, und Prof. Dr. H. Wilkens, Hannover. 4., erweiterte und überarbeitete Aufl. 1986. 243 S. mit 147 Röntgenskizzen und 79 Lagerungsskizzen sowie 4 Tab. Zweisprachig: deutsch und englisch. Geb. DM 198,–. ISBN 3-489-56416-2

Operationen an Hund und Katze

Von Prof. Dr. H. Schebitz, München, und Prof. Dr. W. Brass, Hannover. Unter Mitw. von zahlr. Wissenschaftlern. 1985. 292 S. mit 606 Abb. Geb. DM 136,– ISBN 3-489-67516-9

Tierärztliche Zahnheilkunde

Von Prof. Dr. E. Eisenmenger und Univ.-Doz. Dr. K. Zetner, beide Wien. 1981. 150 S. mit 242 Abb., davon 94 farbig sowie 10 Tab. Geb. DM 112,–. ISBN 3-489-63116-1

Nahtverfahren bei tierärztlichen Operationen

Von Prof. Dr. Dr. h. c. K. Ammann, Zollikon und Dr. M. H. Becker, Zürich. 3., völlig überarbeitete Aufl. 1985. 84 S. mit 118 Einzeldarstellungen in 66 Abb. Kart. DM 36,–. ISBN 3-489-69616-6

Atlas zur chirurgisch-topografischen Anatomie des Hundes Atlas of Topographical Surgical Anatomy of the Dog

Von Prof. Dr. Dr. h. c. K. Ammann, Prof. Dr. Dr. h. c. E. Seiferle und G. Pelloni, alle Zürich. 1978. 77 S. mit 95 mehrfarb. Abb. und fünfsprachigen Legenden (deutsch, englisch, französisch, italienisch, spanisch). Geb. DM 180,– ISBN 3-489-60016-9

Preise: Stand 1. 3. 1989

PAUL PAREY

Berlin und Hamburg